Bernhard Fischer-Appelt

PLAYBOOK RESONANZ

Finde die Affekte, die Marken wirklich antreiben

MURMANN

Die menschliche Natur ist doch immer dieselbe! Was sie in der Kälte des Blutes niemals wagen würde, das vollführt sie in der Hitze des Affekts.

Friedrich Schiller

AUS Die Räuber

True Crime im Cluburlaub?
Affekte erleben, Muster erkennen, Affekte steuern

PLÖTZLICH ERTÖNT HINTER UNS SIRENENGEHEUL. Mit hoher Geschwindigkeit nähert sich ein Fahrzeug der Guardia Civil auf der langen, einsa-
men Straße von Puerto del Rosario zur Südwestspitze Fuerteventuras,
wo wir in einer Ferienclubanlage dem trüben Hamburger Herbstwetter
entfliehen möchten. Ein Blick in den Rückspiegel, dann auf den Tacho.
Als das Polizeifahrzeug unseren Wagen rasch überholt und schon bald
wieder aus meinem Blickfeld verschwindet, beruhige ich mich – bis
kurz darauf auch noch ein Rettungswagen mit Blaulicht an uns vorbei-
rast. Was mag da vorne passiert sein? Eine Weile noch habe ich ein mulmiges Gefühl.

Der Weg durch die herbe Landschaft der zweitgrößten kanarischen
Insel, vorbei an Vulkangestein, Obstplantagen und Gemüsefeldern, ist
eigentlich recht friedlich. Selbst im europäischen Winter scheint
beständig die Sonne. Surfer schätzen an Fuerteventura den stetigen
Wind und die perfekt brechenden Wellen. Hier kann man vom Alltag
abschalten – nur wenige Flugstunden von Deutschland entfernt. Nach
der Anfahrt mit der Sirenen und Blaulicht-Episode verstauen wir das
Gepäck in den Zimmern und beobachten auf dem Balkon bei einem
ersten Glas »Vino de la Tierra« den Sonnenuntergang. Meine Tochter
malt ein Bild, während mein Sohn einfach nur chillt. Fast automatisch
stellt sich das gewohnte Urlaubsgefühl des entspannten Müßiggangs
ein. Alles andere scheint weit weg, und ich freue mich auf Sonnen-
schein, interessante Lektüre und gelegentliche Abkühlungen im Pool.
    Doch beim ersten Abendessen im Restaurant ist eine bleierne
Stimmung spürbar. Viele Gäste wirken bedrückt. Schließlich erfahren
wir: Ein Mord ist im Club passiert. Ich fühle mich wie im Film. Bin ich
etwa in die US-Serie *The White Lotus* geraten? Die Gesellschaftssatire

5

spielt in einer Hotelanlage auf Hawaii, wo reiche US-Amerikaner:innen friedlich Urlaub machen – bis ein Mord geschieht. Jetzt erst verstehe ich das Verhalten der anderen Gäste besser. An jedem zweiten Tisch wird getuschelt. Es heißt, die Tat sei »im Affekt« geschehen. Andere Gäste wirken betont gleichgültig, scheinen das Gehörte verdrängen zu wollen. Sie verteidigen sozusagen ihr Urlaubsgefühl.

Am übernächsten Morgen lese ich in der deutschsprachigen Lokalzeitung über die Hintergründe der Tat: »Familiendrama«, »entgleiste Männlichkeit«, »verletzter Stolz«. Es handelt sich um einen Femizid mit anschließender Selbsttötung. Unser Club hat zwar verhindert, dass das Thema in den sozialen Medien auftaucht, aber jetzt gibt es schon diesen Zeitungsartikel, und auch der Onlinekanal eines deutschen Boulevardmediums berichtet darüber. Mit Beklemmung realisiere ich, dass unser Urlaubsgefühl diesmal besonders herausgefordert wird. Ich versuche, mich auf die Lage einzustellen: den Kindern etwas sagen, aber ja nicht zu viel. Mitfühlen, aber nicht zu sehr affektiv involviert werden. Mittrauern, aber nicht zu intensiv. Nicht etwas an sich heranlassen, das nicht nah ist. Ein Familiendrama, aber nicht unseres!

Letztlich speichern wir das Ereignis als Krimi-Gefühl ab, als von der Realität distanziertes *Tatort*-Erlebnis – eine spannend-schaurige Affizierung, ein »Gepacktwerden« durch Affekte wie Schreck oder auch Neugier, jedoch ohne das Erleben wirklicher Trauer. Dann checken wir, anfangs noch etwas verhalten, wieder in unseren Familienurlaub ein und aktivieren erneut unser Urlaubsgefühl. Ansatzpunkte und Anlässe gibt es genug: Strand, Sonne, Drinks, lange Gespräche und lustige Spiele. »The games must go on«, die Maxime des IOC nach dem Olympia-attentat 1972 in München, gilt nicht nur für die Clubleitung, auch wir folgen ihr.

Diese Geschichte zeigt zunächst, dass das Wort »Affekt« im Untertitel dieses Buches verschiedene Nuancen hat. In der Formel »im Affekt« steht es für die aufschießende psychische Erregung, die zur Kurzschlusshandlung führt. Die Mehrzahl »Affekte« und das Eigenschaftswort »affektiv« beziehen sich allgemein auf Gefühle, im Besonderen auf spontane, impulsive und intensiv erlebte Reaktionen auf Wahrnehmungsreize, die uns »affizieren« (von lateinisch *afficere*, »hinzutun«). Das können Sinneseindrücke wie das wärmende Licht der Sonne und das Geräusch der Meeresbrandung sein, aber auch Nachrichten oder Geschichten. Affekte münden oft direkt in einen körperlichen Ausdruck, wie Gänsehaut, ein mulmiges Gefühl im Magen oder Freudentränen. Affekte sind blitzschnell – sie sind da, bevor das Denken einsetzt und sich längerfristige Emotionen und Sichtweisen bilden.

Die Geschichte vom Mord im Cluburlaub zeigt aber vor allem, dass affektives Erleben gestaltbar ist. Wir können unsere eigenen Affekte und die anderer Menschen bewusst steuern und verändern. Die Geschichte zeigt auch, wie stark unser affektives Erleben von uns bereits bekannten Mustern geprägt ist. Morde gehören zum Glück normalerweise nicht zu unserem Alltagserleben, aber solche Taten und unsere Reaktion darauf sind uns durch Fernsehen, soziale Medien und Podcasts vertraut. Erfahren wir im echten Leben von so einem Ereignis, kann unser affektives Erleben gewissermaßen in bekannten Bahnen ablaufen. Und wir können mithilfe gewohnter Muster, zum Beispiel typische Freizeitunternehmungen, erwünschte Affekte wie das Urlaubsgefühl gezielt bei uns und anderen aktivieren.

Häufiger, als uns bewusst ist, sind wir daran beteiligt, Rahmenbedingungen herzustellen, die bestimmte Affekte auslösen. Ein Alltagsbeispiel ist die Vorbereitung einer Party. Dabei verwandeln wir unsere

Wohnung vielleicht in eine farbenfrohe Kulisse mit Luftballons und Girlanden. Gedimmtes Licht, Drinks, Snacks und gemütliche Sofas schaffen eine einladende Atmosphäre und fördern Affekte der Geselligkeit und Verbundenheit, Musik ermöglicht das Erleben von Ekstase und Hingabe beim Tanzen. Man kann dies alles als »affektives Arrangement« verstehen. Dieser Begriff und die von uns verwendeten Gedanken zum Fühlen und Emotionen lehnen sich an die Arbeit des Sonderforschungsbereiches 1171 Affective Societies der FU Berlin an. Solche Gestaltungen, die Affekte und Handeln beeinflussen können oder sollen, gibt es in vielen Lebensbereichen, auch in Gesellschaft und Politik: Die Klimabewegung affiziert uns etwa durch alarmierende »Kipppunkte«, um CO_2-Reduktion zu erreichen. Der Populismus beschwört wiederum Ohnmachtsgefühle angesichts komplexer demokratischer Prozesse, in denen angeblich eigene Standpunkte nicht durchgesetzt werden können.

Unsere Affektfähigkeit wird von vielen Seiten beansprucht. Zahllose Reize stehen im Wettbewerb um Wahrnehmung und Beachtung. Daher ist es bei der Gestaltung und der Analyse affektiver Arrangements wichtig, den jeweils wirkmächtigsten Affekt zu identifizieren, also den »Signatur-Affekt« (von englisch *signature*, »unverkennbar«, »charakteristisch«), von welchem die Gestaltung eines affektiven Arrangements ausgehen kann. Wir alle sollten diese Affekte, die Mechanismen dahinter und ihre Möglichkeiten in unserem Alltag begreifen. Aber auch Markenverantwortliche und Politiker:innen sollten sie kennen und verantwortungsvoll zu nutzen verstehen.

Denker wie Plato, Aristoteles und Kant wollen uns dazu bringen, das Fühlen durch Reflexion und ethische Abwägung eher einzuhegen. Ich plädiere hingegen dafür, die Kraft der Affekte stärker in den Blick zu rücken. Ich sehe sie als instinktive Einleitung des Denkens. Denn auch jedes Reden beginnt mit Hören, jedes Bild mit Sehen, jeder Kontakt mit Berührung und jedes Schmecken mit etwas, das auf die Zunge trifft. Genau an diesen auslösenden Punkten beginnt erst das Denken, und die Affekte sind die wirkmächtigen Auftakte dazu.

Das *Playbook Resonanz* zeigt also praktikable Methoden auf, um Affekte, ihre Auslöser und Arrangements zu verstehen, zu ordnen und zu gestalten – auf der Ebene des Individuums und der Gesellschaft, aber auch wenn es um die Positionierung von Ideen und Marken geht.

EIN WOLF ALS SINNBILD
Resonanz und Kommunikation in unserer rauer gewordenen »Affektzeit«

Museen, Musikclubs, Restaurants, Supermärkte und Schulen – alle bemühen sich um die Steuerung von Affekten. Auch Hersteller von Luxusmarken, Automobilen und Fahrrädern, Betreiber von Dating-plattformen, Konzertveranstalter oder politische Parteien versuchen Erlebnisse durch Affekte zu erzeugen und zu gestalten. Oft wird dafür der globale Dachbegriff »Kommunikation« benutzt. Als Kommunikations-experte denke ich dabei zunächst an Narrative, Geschichten also, die Menschen überzeugen und mobilisieren können. Davon handelt mein bereits erschienenes *Storyverse Playbook*. Das *Playbook Resonanz* nimmt nun das affektive Erleben in den Fokus.

»Man kann nicht nicht kommunizieren.«

Paul Watzlawick

anders interpretiert »Man kann nicht nicht erleben.«

Zentral für jede Kommunikation und affektives Erleben ist das titelgebende Phänomen der Resonanz. Auf dem Cover ist ein Wolf abgebildet. Wölfe heulen nicht den Mond an, wie oft vermutet. Tatsächlich tauschen sie damit Signale aus, um die Bildung und Bindung des Rudels zu stärken und um das Revier abzugrenzen. Wolfsgeheul ist also ein Phänomen von Resonanz und Kommunikation, es schafft und regelt Beziehungen.

Menschliche Beziehungen und Interaktionen gewinnen durch Resonanz an Tiefe und Intensität. Physikalisch beschreibt Resonanz (von lateinisch *resonare*, »widerhallen«) das Phänomen, bei dem zwei schwingungsfähige Systeme oder Materialien in Einklang geraten und sich gegenseitig verstärken. In der Kommunikation entsteht Resonanz, wenn sich Gesprächspartner:innen oder beispielsweise auch Konsument:innen und Markenentwickler:innen für die Schwingungen des anderen öffnen, sie ins eigene Fühlen und Denken integrieren. Resonanz ist damit das, was zwischen den Zeilen klingt. Ein sprechender Blick, die Atmosphäre in einem Raum. Resonanz entwickelt sich. Sie hängt von Timing, Stimmung und der Bereitschaft ab, sich auf das

Gegenüber einzulassen. Sie verlangt eine wechselseitige Antwortbeziehung – statt nur zu senden oder nur zu empfangen.

Resonantes Erleben entsteht also, wenn Menschen einander auf einer Ebene verstehen, die über Worte und Inhalte hinausgeht. Es umfasst auch unsere Fähigkeit, mit Dingen, Räumen, Klängen und Ideen schwingen zu können. In einer Zeit, in der Kommunikation auf Geschwindigkeit und Effizienz ausgerichtet wird, erinnert uns resonantes Erleben daran, dass echte Verbundenheit nicht bloß nüchternen Informationsaustausch erfordert, sondern echtes Erklingen im gemeinsamen Resonanzraum, in dem wir uns selbst im Anderen erkennen können und das Erleben zur gemeinsamen Erfahrung wird. Ein reales Beispiel dafür sind große Konzertevent, wie die von Taylor Swift [siehe »Taylor Swift Togetherness!«, S. 66].

Der Philosoph, Psychotherapeut und Kommunikationsforscher Paul Watzlawick prägte den berühmten Satz: »Man kann nicht nicht kommunizieren.« Wir kommunizieren demnach immer, auch wenn wir uns nicht verbal äußern. Selbst Schweigen spricht Bände, und auch Gesten oder Körperhaltungen sind Signale. Kommunikation findet demnach unausweichlich immer statt – worüber sich Menschen, Organisationen und Markenverantwortliche im Klaren sein müssen.

Jedes gesehene Bild, jedes gelesene oder gehörte Wort erzeugt ein emotionales Erleben. Auch der Kontext und seine Konfiguration prägen die Wahrnehmung, zum Beispiel durch den Auftritt einer Marke. Jeden Tag durchkämmen Millionen Menschen ihre Feeds in den sozialen Medien, sehen Fotos, lesen Nachrichten, teilen, liken oder kommentieren Beiträge. Jede dieser Aktionen beeinflusst das Denken und Fühlen. Selbst das schnelle Überfliegen von Nachrichten kann uns freudig, ärgerlich oder traurig stimmen. Egal, ob bewusst oder unbewusst –

affektives Erleben ist allgegenwärtig und immer möglich. Frei nach Watzlawick könnte man auch sagen: »Man kann nicht nicht erleben.«

In der kommerziellen Markenwelt gehört also weit mehr dazu, als Key Visuals, Slogans, Logos und Signets ein Produkt oder einen Service repräsentieren zu lassen. Zu einer kompletten Brand Identity zählen immer auch erlebbare Produktdesigns, die Haptik von Verpackungen, die Atmosphäre von Verkaufsräumen bis hin zu Ritualen wie dem von Influencer:innen in sozialen Medien zelebrierten »Unboxing« – dem Auspacken von Produkten.

Wenn wir Menschen Wolfsgeheul hören, löst das einen Affekt in uns aus. Uns läuft ein Schaudern über den Rücken – oder wir freuen uns über das Heulen als spannendes Phänomen der Wildnis. In jedem Fall erzeugt es eine Resonanz in uns. Und wie reagieren wir, wenn ein Wolf plötzlich vor uns steht? Rennen wir weg, verharren wir, um uns dann möglichst geräuscharm zurückzuziehen, oder machen wir in aller Ruhe ein Foto? Wie wir uns verhalten, hängt von persönlichen Prägungen ab und davon, wie wir Situationen grundsätzlich interpretieren – etwa davon, wie stark wir von den Mythen und Märchen rund um den Wolf beeinflusst sind und ob wir eher ängstlich oder gelassen auf Neues reagieren.

Für mich spiegelt der Wolf auch die Zeit wider, in der wir leben. Er steht für eine rauer gewordene »Affektzeit«, in der das Erleben intensiver und Konflikte spürbarer werden. In dieser Zeit übersetzen sich Emotionen schneller in Handlungen als früher. Alles scheint unruhiger, wütender, leidenschaftlicher zu werden. Manchmal fühlen wir uns frustriert, entsetzt und orientierungslos angesichts der Übermacht solcher Phänomene. Andere vermögen sie hingegen geschickt für Demagogie auszunutzen, wie das Wachstum des Populismus zeigt.

Die gesellschaftliche Reizstimmung wird auch an den Konflikten rund um das Thema Wolf deutlich. Die Ökologiebewegung betrachtet die Wildnis als einen wichtigen Teil der Natur. Dagegen fürchten Landwirt:innen um ihre Weidetiere, und Jäger:innen sehen in der Steuerung von Wildtierpopulationen in Kulturlandschaften eine unverzichtbare Aufgabe. Diese gegensätzlichen Perspektiven und Positionen stehen unversöhnlich nebeneinander.

Hier erkennen wir das Phänomen der »Bubbles«, gesellschaftliche Blasen, in denen Menschen sich versammeln und ihre eigenen Muster immer wieder bestätigen, ohne zu hinterfragen, ob sie zur Realität passen. Oft geht es darum, mehr Menschen für den eigenen Standpunkt zu gewinnen, anstatt eine konsensfähige Sichtweise zu entwickeln oder auch nur im gegenseitigen Verständnis füreinander in einem gemeinsamen Resonanzraum zu schwingen. Einerseits ist das eine Folge digitaler Algorithmen, die steuern, was wir in den sozialen Medien wahrnehmen. Aber es ist auch ein grundlegendes menschliches Phänomen, dass wir unsere gewohnten Erlebnismuster immer wieder aufrufen möchten, was den Beitritt zu hermetischen »Bubbles« so verführerisch macht.

Das *Playbook Resonanz* will kein Politikratgeber sein. Es will eher auf einer übergeordneten Ebene helfen, mit Resonanz bewusst und planvoll zu »spielen«. Dies muss verantwortlich und transparent geschehen, wie alles in der Kommunikation. Denn wer Affekte bewusst steuern kann, besitzt mächtige Fähigkeiten. Doch wenn ein unpassendes Lachen oder ein Gummistiefelauftritt bei einer Flutkatastrophe Wahlchancen beeinflussen können, lohnt es sich für Politiker:innen, strategisch von solchen intensiven Momenten her zu denken und zu handeln.

Andererseits sollte man die Fähigkeit zur Steuerung von Affekten auch nicht überschätzen. Menschen sind in ihrem Fühlen tendenziell autonom, möglicherweise mehr als in ihrem Denken. Affektauslöser, die in einer Situation planbar erscheinen, können beim nächsten Mal scheitern. Auch wenn das Bild eines Kanzlers in Gummistiefeln Menschen einmal tief beeindruckt und zum Wahlsieg geführt hat, kann der nächste Versuch, auf diese Weise Nähe und Solidarität zu zeigen, als anbiedernd empfunden werden.

ÜBER DEN MARKENKERN HINAUSDENKEN
Marken unter dem Blickwinkel Affektiver Strategie führen

Nach meiner Rückkehr von den Kanaren finde ich mich schnell im Agentur-Alltag wieder. Die Urlaubsbräune verblasst, aber die vom Mord im Ferienclub bei mir ausgelösten Fragen zum Erleben und Steuern von Affekten, zu Kommunikation und Resonanz beschäftigen mich weiter, und ich stelle mir weiterführende Fragen: Wie gehen die Verantwortlichen beim Auftritt von Marken und Organisationen mit dem menschlichen Erleben um? Wie orchestrieren sie zugehörige Erlebnisräume, auf welche Affektmuster setzen sie? Welche Affekte verändern langfristig Markenidentitäten? In welchen Erlebniskontext kann man eintauchen, um die Affektintensität einer Marke für ihre Kommunikation und ihren wirtschaftlichen Erfolg zu nutzen?

Nach intensiver Recherche und tiefgehender theoretischer Auseinandersetzung mit dem Thema weiß ich: Marken haben das Potenzial, als starke Affektmagneten zu wirken und Erlebnisse zu schaffen, die wiederum Markenidentität stiften. Um die aufgeworfenen Fragen zu beantworten, um also die Dimension des Erlebens von Marken verstehen und gestalten zu können, lohnt es sich, solche Erlebnisse als ein Arrangement von Affekten zu betrachten.

Das *Playbook Resonanz* nimmt diese Perspektive ein und bietet mit dem neuen Ansatz der Affektiven Strategie einen innovativen Blick auf das menschliche Erleben und dessen Gestaltbarkeit. Es richtet sich an alle, die an dieser für viele gesellschaftliche Bereiche relevanten Thematik interessiert sind, besonders aber an Markenverantwortliche.

Marken basieren traditionell auf Emotionalität und sind so konzipiert, dass sie als erinnerbare Identität mit affektiver Wirksamkeit erfahren werden können. Üblicherweise werden Markenerlebnisse stark aus dem Markenkern heraus definiert. Die Markenführung erfolgt dann als ein zentralisierter Prozess, der von einem engen Bestand an »core brand values« ausgeht. Ich respektiere dieses Verfahren, möchte jedoch eine ergänzende Perspektive einbringen – die des Kontexts und dessen affektiver Gestaltung. Denn wer die Methoden zur Affizierung kennt und versteht, kann sein Markenerlebnis entsprechend einbetten und Wahrnehmungsangebote schaffen, die wirklich bewegen, weil sie fühlbar sind.

Die im *Playbook Resonanz* vorgestellte Affektive Strategie ist eine solche Methode, um Marken effektiv zu dynamisieren, die noch zu sehr die kontinuierliche Identität ihres Markenkerns pflegen. Sie ist aber auch allgemein geeignet, um Dinge in Bewegung zu bringen, Themen emotional zu gestalten, Affekte zu erkennen und zu erzeugen, die einen starken Impuls setzen und uns ermöglichen, die Welt anders oder intensiver wahrzunehmen.

WIE DAS PLAYBOOK AUFGEBAUT IST
Vom Erklären ins Machen kommen

Zunächst geht es darum, das Konzept AFFEKTIVE STRATEGIE genauer zu verstehen. Wichtige Aspekte, Zusammenhänge und Hintergründe, ebenso Begriffe und Theorien, die ich teils schon angesprochen habe, werden im Folgenden vorgestellt und vertieft.

Für die Entwicklung und konkrete Umsetzung eigener Projekte geben wir mit der RESONANZ-CANVAS FÜR AFFEKTIVE STRATEGIE ein praktisches Instrument an die Hand, das mein Team und ich in unserer Arbeit erfolgreich verwenden.

Und schließlich stellen wir CASES aus den verschiedensten Erlebnisräumen der Gegenwart vor – analytische Lehrstücke aus Gesellschaft, Wirtschaft und Alltag. Ich untersuche in ihnen, welche Affektmuster und Affekte in Gestalt eines affektiven Arrangements jeweils orchestriert und getriggert werden, um ein resonantes Erleben zu schaffen, das für die vorgestellten Marken, Organisationen, Räume und Menschen charakteristisch, ja einzigartig ist. Am Ende jedes Beispiels werden auf einen Blick Learnings zusammengefasst, welche Konsequenzen aus den Beispielen für die eigene Arbeit an der Erlebbarmachung von Produkten, Ideen oder Gedanken abgeleitet werden können.

Die Beispielfälle sind mit dem Ziel ausgewählt, ein affektives Porträt unserer Gegenwart zu zeichnen. Welche Resonanzgefüge bewegen uns heute, und mit welchen Mitteln werden sie erzeugt? Der Gegenwartsfokus soll deutlich machen, dass es auch in diesen aufgeregten Zeiten der Überschallkommunikation möglich ist, Aufmerksamkeit durch Resonanz zu binden und die Welt gesteuert erlebbarer zu machen.

Mein Wunsch für das Buch ist auch, dass seine Leser:innen es weiterentwickeln, dass sie mit einem weiteren Blick auf das Erleben schauen und es als gestaltbar erfahren und dass wir gemeinsam darüber nachdenken, wie wir die Zukunft erleben wollen. Dafür müssen wir vom bloßen Erklären der Welt ins Machen, und zwar ins Erlebbarmachen der Welt kommen.

INHALTSVERZEICHNIS

Deine Marke bekommt Resonanz, wenn sie ein affektives Arrangement erlebbar macht

DAS KONZEPT DER AFFEKTIVEN STRATEGIE STEHT FÜR EINEN PARADIGMEN-WECHSEL. Es geht darum, über den Kern einer Marke hinaus auf das zu schauen, was an der Peripherie zwischen den Beteiligten, zum Beispiel Konsument:innen, welche die Marke nutzen, affektiv passiert. Ziel ist es also, der Marke »mehr Leine« zu geben, bewusst geschaffene oder zufällig entstehende Anlässe in der Markensteuerung zuzulassen, um den Fans einer Marke ein intensiveres Erleben innerhalb einer erweiterten Markensphäre zu ermöglichen. Wer diesen Blick über den Tellerrand wagt, kann Marken auf effektivere Weise führen und inszenieren.

Wie bereits angedeutet, verfolgt Affektive Strategie das Ziel, Kommunikation nicht als bloßen Austausch von Informationen und Nachrichten zu gestalten. Statt des traditionellen Sender-Empfänger-Modells geht es um einen kontextsensiblen Ansatz, der Erleben und Antwortfähigkeit in den Mittelpunkt stellt. Die am kommunikativen Austausch Beteiligten sollen dadurch aktiv in Schwingung versetzt werden – etwas gemeinsam erleben.

DENKE UND FÜHLE!

Was wird durch Affektive Strategie mobilisiert?

Affektive Strategie zielt aber auch darauf ab, dem eigenen Anliegen einer Marke Resonanz zu verleihen. Sie erzeugt Bedingungen, unter denen Botschaften wirklich ankommen, Markenidentität nicht nur behauptet, sondern tatsächlich *erlebt* wird. Eine solche Methode arbeitet mit dem, was schon da ist, indem sie die Kontexte, in denen Marken auftauchen, als »affektive Arrangements« versteht und gestaltet.

Jede Affektive Strategie beginnt zunächst damit, an der eigenen Schwingungsfähigkeit zu arbeiten. Das und alles Weitere baut sie auf einer tiefen Kenntnis der zwischenmenschlichen Bindungs- und Verstärkerkräfte auf, der Wirkweisen von Affekten und Gefühlen, sowie auf profundem Wissen darüber, wie das Empfinden von Zugehörigkeit entsteht und aufrechterhalten werden kann. Das Ziel Affektiver Strategie ist es damit auch, unproduktive, manchmal toxische Dynamiken, in denen wir uns immer wieder in der privaten und öffentlichen Kommunikation verheddern, aufzulösen und produktiv umzugestalten.

Letztlich soll Affektive Strategie dazu führen, den seltenen, aber zentralen »magischen Momenten« im Leben einer Person, einer Marke oder einer Organisation den Raum für Resonanz und Zugkraft zu geben, damit sich möglichst viele Menschen möglichst lange darauf einlassen und mitschwingen können. Damit ist die Anwendung Affektiver Strategie nicht das Gegenteil von Vernunft, Pragmatismus oder Common Sense. Vielmehr soll ein produktiver und gemeinsam erzielter Ausgleich zwischen Vernunft und Leidenschaft erreicht werden.

Die Management- und Organisationstheoretiker Gareth Morgan und Henry Mintzberg haben Strategie als eine Zielüberlegung mit einem umsetzbaren Plan definiert. Ähnlich kann man Affektive Strategie als eine Zielüberlegung mit einem erlebbaren Arrangement definieren. Affektive Strategie bedeutet damit, dass ein Plan sich nicht nur um den Weg zum Ziel, sondern auch um seine affektive Erlebbarkeit, das Erleben seiner intendierten Ergebnisse sowie seiner entscheidenden Meilensteine und Momente kümmert. Eine solche Strategie muss eine bestimmte Mischung aus individuellen Mustern des Erlebens, Ritualen und wiederkehrenden kognitiven und praktischen Aktivierungen anbieten, die wir als »affektive Arrangements« bezeichnen.

Von der Ermöglichung von Resonanz profitieren nicht nur die definierten Botschaften und Narrative, die innerhalb solch gemanagter Erlebnisräume kursieren und Affekte auslösen. Selbst was bislang kaum gefühlt oder bisher nur vage wahrgenommen herumgeistert oder noch unbewusst gewollt wird, kann durch Resonanz hörbar werden und sich in Aktion übersetzen.

Mich beschäftigt zum Beispiel immer wieder die Frage, wie dem Aufstieg rechtsextremen Denkens in Deutschland und Europa begegnet werden kann. Es gibt in der Bevölkerung eindeutig einen Wunsch, diesem Aufstieg etwas entgegenzusetzen. Aber weder der Politik noch den Medien gelingt es bisher, diesem Begehren eine Resonanz zu geben, die seine Bindungskräfte so stark mobilisieren würde, dass die Zustimmung zu rechtsextremen Gedankengebäuden sinkt oder zumindest nicht mehr wächst. Welcher Politiker, welche Kommentatorin, welches Medium könnte den Resonanzraum aufspannen, in dem dieser Wunsch als etwas Gemeinschaftliches erlebt werden kann?

Wie bereits gesagt, vertrete ich die These, dass es für Marken heute gleich wichtig ist, sich um ihre Erlebbarkeit zu kümmern wie um die Kontrolle ihres Markenkerns.

Damit verbunden ist mein Plädoyer für eine gewisse Lockerung der Markensteuerung – was nicht mit Beliebigkeit zu verwechseln ist. Marken erhalten damit die Möglichkeit, ihren gesellschaftlichen Handlungsspielraum auszuloten, den Kund:innen und User:innen ihnen längst zugestehen und dessen Gestaltung sie einfordern. Auch Marken werden in Zukunft Resonanzräume sein, die mitbestimmen, wie wir unsere Gegenwart und Zukunft erleben – etwa indem sie uns zeigen, wie Produkte künftig innerhalb der planetaren Belastungsgrenzen hergestellt, konsumiert und recycelt werden können, und indem sie uns Verbraucher:innen nach ihnen greifen lassen, nachhaltig einkaufen zu wollen.

Wie diese Resonanzräume genau erzeugt werden, unterscheidet sich in der Praxis von Fall zu Fall. Das machen die ausgewählten Cases deutlich. Gemeinsam ist ihnen allen, dass es den darin beschriebenen Marken, Unternehmen oder Personen gelungen ist, bestimmte Erlebnismuster so zu fixieren, dass die Wahrscheinlichkeit sehr hoch ist, dieselbe intendierte Erlebnisqualität immer wieder bei Menschen auslösen zu können, die sich auf einen solchen Erlebnisraum einlassen.

AFFEKTIVE ARRANGEMENTS
erleben und erfahren!

Von Erleben reden wir, wenn die Dinge, die uns zustoßen, nicht einfach an uns vorbeigehen, sondern sich uns aufdrängen, oder wenn wir ihnen von uns aus mit Aufmerksamkeit begegnen und sie in unsere Wahrnehmung und Erinnerung bewusst aufnehmen. Erleben in diesem Sinne hebt sich vom unbewussten Alltag durch seine Intensität ab – bis zu dem Moment, da es seine Intensität an Gewohnheit und Alltag wieder verliert.

Ein Beispiel: Viele von uns fahren täglich mit der U-Bahn zur Arbeit. Ein intensives Erlebnis, das uns lange in Erinnerung bleibt, ist das selten. In einer fremden Stadt verhält es sich allerdings anders. Eine Fahrt mit der Pariser Métro, der Londoner Tube oder der New York Subway kann durchaus ein Erlebnis sein, das wir bei einem Besuch dieser Städte nicht missen wollen. Aber warum ist das so?

Aus der Sicht Affektiver Strategie ist eine U-Bahn-Fahrt eine Konstellation verschiedenster Sinneseindrücke: das Design der Abteile, die

Geräusche und Vibrationen, Warnsignale, Netzpläne und Fahrkarten, Gerüche in den Stationen. Und natürlich sind da noch die anderen Menschen, die lächeln, mürrisch oder müde sind, über die man sich ärgert oder auf die man neugierig ist – oder die in den überfüllten Feierabendzügen viel zu dicht neben einem sitzen. U-Bahn-Systeme sind gewachsene affektive Arrangements, in denen eine Stadt und ihre Alltagsaffekte spürbar werden. Insbesondere für Menschen, die neu in eine Stadt kommen und für die diese Affizierungen noch nicht Gewohnheit und Alltag geworden sind. Die öffentlichen Verkehrsmittel offenbaren zum Beispiel den geheimen Rhythmus einer Stadt, ihre individuellen Arbeits-, Ruhe- und Partyzeiten. Sie verleihen damit einem spezifischen Stadtgefühl Resonanz.

Die wesentliche Bedeutung dieses affektiven Arrangements erschließt sich nun: Ohne dass ich mich oberirdisch umschauen müsste, *erlebe* ich die fremde Stadt, spüre die unsichtbaren Regeln, nach denen die Leute sich hier begegnen, was sie anziehen, welche Stimmung in der Stadt herrscht. Selbst wenn wir von einer Reise nach Paris, London oder New York wieder heimkehren, uns vom Flughafen auf den Weg zur S-Bahn-Station machen, in die U-Bahn wechseln, spüren wir diese Resonanz. Denn sie verstärkt das Gefühl von »Zuhause«: Wir erleben den Kontrast der Städte, das Ankommen im Vertrauten, spüren Zugehörigkeit und Heimat.

Affektive Arrangements beschreiben eine Mischung aus Situationen, Elementen, Ritualen und Dingen, die bestimmte Affekte erzeugen. Sie funktionieren wie ein Kraftfeld, dessen Teil man ist und so mit aufrechterhält. Häufig gibt es keine klare Grenze. Innen und außen sind als Wechsel in der Intensität des Erlebens spürbar. Wie anfällig solche affektiven Arrangements sein können, kann man am Beispiel einer ausgelassenen Party nachvollziehen – wenn man sich vorstellt, wie jemand plötzlich die Musik aus- und das Licht anstellt. Sofort werden bestimmte Handlungsoptionen wie ekstatisches Tanzen oder Schäkern auf dem Sofa merkwürdig oder peinlich. Ein affektives Arrangement bestimmt also nicht nur, was ich erlebe, sondern auch, wie ich mich selbst ausdrücken kann.

Interessant werden affektive Arrangements, wenn wir sie uns als Muster denken, die von ihren konkreten Realisierungen manchmal dramatisch abweichen können. Ein neuer BMW mag ein gelungenes affektives Arrangement sein, im Stau wird dennoch kaum »Freude am Fahren« aufkommen, wie der Markenslogan verspricht; eine Party kann liebevoll geplant sein, und ich kann dennoch schlecht gelaunt dort erscheinen. In solchen Momenten verschwinden die affektiven Arrangements nicht, sie werden manchmal im Gegenteil jetzt schmerzhaft spürbar: als Auto, das im zäh fließenden Verkehr zu schnell beschleunigt; Musik, die zu laut, Licht, das zu schwach ist, Leute, die zu nervig sind und mir mein Außenvorsein zu deutlich vor Augen führen.

Öffentliche Verkehrssysteme sind zwar über Jahrzehnte gewachsene affektive Arrangements. Das heißt aber nicht, dass sie nicht andauernd und bewusst (um)gestaltet würden. Der größte Verkehrsverbund Deutschlands, die Berliner Verkehrsbetriebe (BVG), hat 2022 den Roll-out des Projekts »Markenklang« gestartet. Das Unternehmen hat begonnen, die Soundscape der BVG, also ihre akustische Präsentation in Ansagen, Hinweis- und Warntönen, zu vereinheitlichen und markant zu gestalten. Das Projekt hat die Wiedererkennung der Marke erhöht und eine stadtweite Atmosphäre geschaffen, die dem Berlin-Gefühl mehr Resonanz verschafft. Teil der Strategie ist es, den BVG-

Sound als Klingelton zum Download anzubieten. Damit wird der private Kosmos der BVG-Nutzer:innen bei Anrufen und Nachrichten auf dem Handy mit dem Stadtgefühl verbunden.

Welche Merkmale hat nun mein affektives Erleben im öffentlichen Nahverkehr? Es ist unmittelbar und involviert mich vor Ort aktiv. Ich ziehe Fahrkarten, studiere Buspläne, verfahre mich, frage nach dem Weg, studiere die Mitfahrenden, spreche sie an, höre die Ansagen. Mein Erleben in der U-Bahn verdichtet und intensiviert sich zu einem unverwechselbaren Stadtgefühl – zu einer Erfahrung.

Erleben geht der Erfahrung voraus. Diese bildet sich mit einer gewissen zeitlichen Distanz, während der das Erlebte verarbeitet, in einen größeren Kontext eingeordnet und in unser Bewusstsein längerfristig integriert wird. Erlebnisse kumulieren also mit der Zeit zu Erfahrungen, die sich zu Wissen und letztlich unserem Verständnis der Welt addieren – das wiederum unsere Perspektiven und Handlungen beeinflusst. Ohne die Wurzel echter Erlebnisse kommt diese Reifekette nicht in Gang.

KRISE DES ERLEBENS UND DIGITALISIERUNG
Warum in unserer »Affektzeit« die Erlebbarkeit intensivieren?

Intensives, gemeinschaftliches Erleben ist wichtig für den sozialen und politischen Zusammenhalt: Wenn wir uns nicht gegenseitig über unsere Unterschiede hinweg erleben, scheitert der Versuch, Erfahrungen und Wissen zu teilen. Die uns auszeichnende Vernunftfähigkeit nützt nichts. Sie zieht im schlimmsten Fall die Gräben in der Vereinzelung des individuellen Erlebens in abgeschotteten »Bubbles« noch tiefer. Auch unser Verständnis und Wissen von der Welt und uns selbst verkümmert, wenn das gemeinsame Erleben fehlt. Damit erstirbt unsere Fähigkeit, zu handeln und etwas besser zu machen.

Auf dem Weg vom Erleben zur Erfahrung spielen Narrative eine wichtige Rolle, weil sie Sinnzusammenhänge stiften. Sie sind naturgemäß in ihrer Artikulation nicht abstrakt, sondern bleiben selbst nah an der Erlebbarkeit. Wenn wir es jedoch versäumen, uns um die Rahmenbedingungen der Erlebbarkeit zu kümmern, drohen sie auszutrocknen. Ein Beispiel: Das Narrativ, dass der Klimawandel technologische Chancen bietet, kann nur greifen und begeistern, wenn es Pilotprojekte, Experimentierräume, Workshops gibt, die diese Chancen erlebbar machen. Immer mehr Ausstellungsräume – zum Beispiel das Futurium in Berlin – widmen sich daher der Aufgabe der Erlebbarmachung von Zukunftsnarrativen.

Doch ist die gegenwärtige gesellschaftliche Befindlichkeit mit ihrer Aufgeregtheit und oft überschäumenden Emotionalität wirklich der richtige Zeitpunkt, das Erleben zu intensivieren? Erleben wir nicht überall und jederzeit schon viel zu viele Affekte? Die Antwort mag paradox klingen: Die Unruhe und kollektive Überreiztheit sind für mich gerade Anzeiger dafür, dass wir in einer Krise des Erlebens stecken.

Echtes Erleben bedeutet Intensivierung. Es erlaubt die Integration von Neuem in das Bekannte. Es bedeutet auch Überschaubarkeit, weil wir eine Vorstellung davon bekommen, wo und wie lange etwas geschieht. Vieles, was wir heute als Erleben verbuchen würden, findet indessen nicht mehr gemeinschaftlich »live« statt und kann nicht als echte soziale Erfahrung wirken.

Der inzwischen riesige digitale Medienapparat, der unsere Gesellschaft durchzieht, ganz konkret sind hier auch Social Media gemeint, mag zwar den Eindruck erwecken, als würden wir gemeinsam sehr viel erleben. Tatsächlich werden wir durch digitale Kommunikation in unserem Erleben so stark voneinander getrennt, dass wir nur passive Zeugen von politischen Spektakeln oder dem Erleben anderer werden, die außerhalb unseres eigenen Erlebnisradius liegen. In digitalen Räumen werden wir vielleicht zu Resonanzkörpern für das Erleben anderer – aber wir erleben nicht selbst. Ich will Social Media nicht verteufeln. Es geht mir darum, herauszufinden, wie sich das echte Erleben auf individueller oder kollektiver Ebene wiederherstellen und verstärken lässt – und damit die für unsere Gesellschaft wichtige gemeinsame Handlungskompetenz.

Was wir als Gesellschaft erleben, war langer Zeit von der Stabilität historisch gewachsener Resonanzräume geprägt: Wut und Aufbruch wurden in politischen Parteien erlebbar, Trauer und Trost in den Kirchen, Neugier und Betroffenheit in den öffentlichen Medien. Diese und andere gemeinschaftliche Räume waren verlässlich in der Lage, nur unterschwellig wahrnehmbaren Affekten Resonanz zu geben. Wie ein Verstärker haben sie gesellschaftliche Störgeräusche und bis dahin unhörbare Frequenzen konturiert und hör- und erlebbar gemacht. Trotz aller Aufgebrachtheit und Intensität stifteten sie damit ein Gefühl von Gemeinschaft, für Handlungsmöglichkeit und abgestimmte politische Aktionen. Zumindest hatten die meisten auch bei gegensätzlicher Meinung das Gefühl, über dieselbe Welt zu reden. Heute driften die Realitäten vieler Menschen stark auseinander.

Intensität war und ist jedoch nicht das Problem. Ein Fußballstadion, eine Konzertarena oder ein Club können Schauplatz überaus intensiver Erlebnisse sein, in der Regel, ohne dass die Beteiligten Schäden davontragen. Sie sind als affektive Arrangements auch dazu da, Dampf abzulassen.

Wenn solche Resonanzräume jedoch zu schwach werden oder gar wegfallen, verschwinden die darin zum Ausdruck gebrachten Affekte, etwa Unmut, Besorgtheit oder Angst, nicht einfach. Sie verstreuen sich lediglich auf ungute Weise, verwandeln sich in atomisierte Gereiztheit, Nervosität, bisweilen Aggressivität oder auch in Gefühle von Isoliertheit, Einsamkeit oder Ohnmacht.

Gott sei Dank sind viele gesellschaftliche Resonanzräume sehr robust gebaut. Viele von ihnen funktionieren immer noch gut – unbeschadet der gegenwärtigen Krisen und Probleme. Aber man muss kein Kulturpessimist sein, um zu bemerken, dass vor allem an den Medien und den politischen Parteien die Veränderungen der Zeit nicht spurlos vorübergehen und hier die Digitalisierung eine maßgebliche, wenn auch nicht die alleinige Rolle spielt.

Die einen Parteien erliegen dem billigen Resonanzraum des Populismus. Die anderen erklären sich den Mund fusselig, ohne dass es ihnen gelingt, mit ihren zum Teil guten Konzepten der grassierenden, oft erst unterschwellig rauschenden Beunruhigung der Menschen auf produktive Weise Resonanz zu geben. Vielfach wird nicht einmal der notwendige demokratische Streit noch als etwas wahrgenommen, an dem wir trotz verschiedener Meinungen gemeinsam teilnehmen. Eine Demokratie, in der es in Debatten hoch hergeht, wäre ja wünschenswert – aber eben nur dann, wenn alle das Gefühl haben, im Erleben gleichberechtigt und ähnlich handlungsmächtig zu sein. Für eine Demokratie ohne Demokratiegefühle sieht es dagegen schlecht aus.

Wir müssen uns in dieser »Affektzeit« – einer Phase, in der Affekte ungebremst über digitale Kanäle vermehrt, verstärkt und weitergeleitet werden – um mehr echte Erlebbarkeit kümmern. Das ist aus meiner Sicht die große Aufgabe, in der auch ein Versprechen liegt:

Indem wir genug Resonanzräume für echtes, gemeinschaftliches Erleben schaffen, nimmt unsere Gesellschaft ihre Gegenwart und Zukunft wieder in die eigene Hand.

Welche Rolle spielen nun Marken für die Gesellschaft und ihr Erleben? Meine Erfahrung hat gezeigt, dass Marken eine ambivalente Rolle zugesprochen wird, irgendwo zwischen unlauterer Beeinflussung und authentischer Mitgestaltung. Diese Position sollte niemanden entmutigen, sondern vielmehr motivieren, sich auch in Branding und Marketing mit dem Erleben auseinanderzusetzen. Welchen Affekten und Gefühlen möchte eine Marke Resonanz verleihen? Kann die Marke selbst ein Resonanzraum sein? Das sind auf diesem Gebiet die zentralen Fragen.

SCHWINGE UND SCHWINGE MIT!
Was heißt Resonanz?

Resonanz ist ein Begriff aus der Physik, genau genommen der Akustik, und bezieht sich auf das Phänomen der Schwingungsaufschaukelung. Der Soziologe Hartmut Rosa nutzt ihn zur Beschreibung eines Beziehungsmodus, in dem gegenseitige Schwingungen erzeugt werden. Der Philosoph Rainer Mühlhoff entwickelt den Resonanzbegriff mit explizitem Bezug zu Affekt. In diesem übertragenen Sinne ist deshalb Resonanz auch für das Konzept der Affektiven Strategie von Bedeutung.

Aber was bedeutet Resonanz bei genauerer Betrachtung? Hilfreich ist es, sich zunächst ihr Ausbleiben vor Augen zu führen: Was passiert, wenn Resonanz unterbunden wird? Wer etwa möchte, dass der Boden unter der Waschmaschine im Schleudergang nicht mitvibriert, legt eine Gummimatte darunter. Damit beim Klavierspielen nicht alle

Saiten gleichzeitig mitschwingen, lässt Filz sie verstummen. Um nicht jeden Schritt in die Wohnung darunter zu übertragen, haben moderne Böden Trittschalldämmung. Das Gegenteil von Resonanzverstärkung ist also Dämmung und Dämpfung. Die maximale Dämpfung nennen wir Isolation – hier überträgt sich gar nichts mehr.

Was zur Verhinderung von Ruhestörung gewünscht ist, wird im Bereich des sozialen Zusammenlebens zum Problem. Denn wenn wir alle alleine vor uns hin existieren, schlägt das nicht nur aufs Gemüt, es erschwert auch die Verständigung und gemeinsames Handeln. Außerdem behebt es nicht die grassierende gesellschaftliche Unruhe, sondern steigert sie eher.

Erweitern wir also den Gedanken und überlegen, wie wir Resonanz steuern, den Erlebnisraum größer oder kleiner dimensionieren können. Wer etwa auf einer Schaukel sitzt und möchte, dass sie höher schwingt, muss wiederholt im richtigen Moment mit seinem Körper einen Impuls dazu geben. Physikalisch gesprochen ist die Resonanz das Phänomen, bei dem ein System wie eine Schaukel stärker zu schwingen beginnt, wenn es periodisch mit einer Frequenz angeregt wird, die seiner eigenen natürlichen Frequenz entspricht.

Die natürliche Frequenz ist die Geschwindigkeit, mit der die Schaukel hin- und herschwingt, wenn man sie einmal anstoßen und dann loslassen würde. Wenn man also im Takt dieser natürlichen Frequenz seinen Körper bewegt, addiert sich diese selbst zugeführte Energie zur Energie der gesamten Bewegung – und die Schaukel schaukelt höher. Bewegt man sich hingegen nicht im Takt, sondern zufällig, oder konterkariert die Bewegungsenergie der Schaukel sogar aktiv, wird sich die Gesamtenergie nicht weiter aufbauen oder vielleicht sogar zum Erliegen kommen.

Dieses Beispiel liefert zwei strategische Fundamentalsätze. Erstens: Es ist effektiver, sich auf die Eigenschwingung der Dinge einzulassen, statt zu versuchen, sie mit Krafteinsatz zu etwas anderem bewegen zu wollen. Und zweitens: Je präziser man mit dem Flow geht, die verstärkenden Impulse also genau zur richtigen Zeit und am richtigen Ort setzt, desto weniger Kraft kostet es, große Resonanzeffekte zu erzielen.

Wer nun lange nicht mehr auf der Schaukel saß, dem mag vielleicht ein weiteres Beispiel helfen, echte Resonanz zu verstehen. Wer morgens laut unter der Dusche singt, kennt den Moment, da bestimmte Töne besonders laut und kräftig klingen – fast so, als würde die ganze Duschkabine mitschwingen und den Klang verstärken. Auch das ist ein Beispiel für Resonanz. Wer einen Ton singt, dessen Frequenz genau der natürlichen Frequenz einer umgebenden Struktur entspricht, bringt etwas wortwörtlich »zum Schwingen«.

Entscheidend ist nun: In der Duschkabine verstärken diese Schwingungen den Ton der eigenen Stimme, weil sich der eigene Schalldruck auf die Duschkabine überträgt und die Duschkabine diese Energie zurück an unser Ohr schickt. Dieses »Duett« macht unseren Gesang an dieser Stelle lauter und voller – und wir wollen gleich ausprobieren, wie laut wir das noch werden lassen können. Es ist wie ein unsichtbares Zusammenspiel, das den Gesamtklang intensiviert, wenn man die richtige Tonhöhe trifft. Und deshalb suchen viele Menschen diese Aktivität immer wieder auf: nicht nur, weil es Spaß macht, unter der Dusche zu singen, sondern auch, weil es sich durch das Resonanzerlebnis besonders gut und »gemeinschaftlich« anfühlt.

Hier lassen sich zwei weitere Fundamentalsätze ableiten. Erstens: Man muss seine Botschaft auf die richtige Tonhöhe bringen, um andere Menschen in Schwingung zu bringen. Und zweitens: Der dadurch einsetzende Verstärkereffekt führt dazu, dass man sich selbst besser hört, insgesamt besser mitschwingt. Dieses Echtzeiterlebnis erlaubt es mir, immer leichter den richtigen Ton zu treffen und die gemeinschaftliche Schwingung zu intensivieren.

Diese Beispiele sind wegen ihrer Anschaulichkeit hilfreich. Aber sie sind auch sperrig, wenn man versucht, Analogien zur zwischenmenschlichen Kommunikation herzustellen. Schließlich würde es darum gehen, permanent zu überlegen, wer nun Duschkabine und wer Sänger sein soll. Beim Philosophen Rainer Mühlhoff findet sich noch ein weiteres Beispiel, das nicht mehr aus der Physik stammt, sondern aus der Entwicklungspsychologie von Daniel Stern – das aber nach denselben Prinzipien funktioniert.

Eine Mutter und ihr Baby sitzen einander gegenüber. Das Baby lächelt, brabbelt oder weint, und die Mutter reagiert intuitiv auf diese Signale durch Lächeln, Sprechen oder Trösten. Diese Interaktionen können als eine Form der Resonanz betrachtet werden, bei der emotionale und kommunikative Schwingungen zwischen Mutter und Kind ausgetauscht werden. Stern selbst spricht von *affect attunement*, also »affektiver Einstimmung«.

In Sterns Theorie geht es darum, wie Mutter und Kind auf einer tiefen, oft nonverbalen Ebene miteinander in Verbindung treten. Diese Verbindung funktioniert ähnlich wie Resonanz in der Physik: Beide, Mutter und Kind, haben ihre eigenen »emotionalen Frequenzen«. Wenn ihre Freude, ihr Unbehagen, ihre Beruhigung und andere emotionale Zustände aufeinander abgestimmt sind, entsteht eine harmonische Resonanz.

Wenn das Baby beispielsweise weint und die Mutter auf eine Weise reagiert, die das Baby beruhigt, haben ihre emotionalen Frequenzen eine produktive Resonanz gefunden. Das zeigt auch, dass Resonanz, solange sie die richtigen Affekte verstärkt, beruhigend wirken kann. Die Mutter hat intuitiv die emotionale Frequenz des Babys erkannt und eine Antwort gegeben, die genau passt, um die Bedürfnisse des Babys zu befriedigen. Dies führt beim Kind zu einer Stärkung der Verbindung und einem Gefühl der Sicherheit und des Verstandenwerdens.

Diese Art Resonanz ist nicht nur eine Frage des richtigen Timings, sondern auch der Qualität und Tiefe der emotionalen Reaktionen. Es ist ein dynamischer und fließender Austausch, der die Entwicklung der kindlichen Fähigkeit zur Regulation von Emotionen und sozialen Interaktion beeinflusst. Wie sehr wir das Erleben von Resonanz brauchen, um uns »einen Reim« auf die Welt zu machen, zeigt die Beobachtung: Kleinkinder suchen in einer neuen Situation zuerst das Gesicht der Mutter oder der Schutz- oder Fürsorgeperson. Entdecken sie dort Besorgnis, fangen sie erst nach dieser Entdeckung zu weinen an.

Weitere psychologische Experimente haben gezeigt, was passiert, wenn Resonanz plötzlich wegfällt – und welche Katastrophe das für Kleinkinder ist. Allen voran zeigte das das sogenannte Still-Face-Experiment. Bei ihm nahm die primäre Bindungsperson nach einer Phase normaler und mitschwingender Interaktion plötzlich einen versteinerten, neutralen Gesichtsausdruck an, ein »Still Face«. Wird dieser Gesichtsausdruck für einige Minuten beibehalten, versuchen Kleinkinder auf alle möglichen Arten und Weisen, die Responsivität mit der Mutter und somit die Resonanz wiederherzustellen – bis sie so verzweifelt sind, dass sie zu weinen anfangen.

Neben dem »Einstimmen«, dem Timing, der affektiven Tonhöhe und der Qualität der Reaktion lässt sich noch etwas aus den psychologischen Analysen über Resonanz lernen: Das stetige Aufeinander-

35

Einschwingen ist ein so eng verflochtener Prozess, dass er sich nicht länger in zwei Teile – Aktion und Reaktion, Frage und Antwort – zerlegen, sondern nur ganzheitlich verstehen lässt. Ich gebe der Schaukel den richtigen Impuls, aber ich spüre auch erst durch das Schaukeln, wann dieser Moment gegeben ist. Ich bringe mit meinem Gesang die Duschkabine zum Schwingen, aber es ist gleichzeitig die Resonanz der Kabine, die meinen Ton stabilisiert.

Wer sich auf Resonanz einlässt, wird selbst zum schwingenden Körper. Das heißt, er vollzieht eine faszinierende Transformation. Denn einerseits gilt es, sich dafür zu öffnen und mit der Schwingung des Gegenübers mitzugehen. Andererseits muss man stabil bleiben, um als Resonanzkörper für den anderen zu funktionieren. Das birgt Sprengstoff für unsere Vorstellung von Kommunikation, auf die ich gleich noch eingehen möchte. Zunächst aber will ich allen, denen das immer noch zu abstrakt klingt, eine kleine, angenehme Übung empfehlen, um an sich selbst Resonanzeffekte und ihr transformatorisches Potenzial zu beobachten: Einfach mal in den Urlaub fahren!

Beim Urlaubmachen merkt man, was es heißt und wie lange es dauert, sich auf eine neue Umgebung einzulassen. Man spürt aber auch an der eigenen Entspannung, der aufkommenden Abenteuerlust oder auch einfach nur in der Kommunikation mit fremden Menschen das enorme transformatorische Potenzial, das darin liegt, sich für Resonanz zu öffnen. Häufig erfahren wir erst auf Reisen bestimmte Aspekte in uns, die zu Hause zu verkümmern drohen. Wir spüren ihre Resonanz – zum Beispiel durch atemberaubende Landschaften, andere Sprachen, ungewohnte Architekturen. Es überrascht nicht, dass eine Trendstudie von 2019 aus dem Zukunftsinstitut sich dem sogenannten Resonanz-Tourismus widmet.

Diese neue Art des Reisens versucht den Schwächen des modernen Massentourismus entgegenzuwirken, der als ökologisches und gesellschaftliches Problem gilt und den Reisenden oft keinen wirklichen Glücksgewinn mehr bietet. Der Resonanz-Tourismus steht für eine tiefere, bedeutungsvollere Form des Reisens, bei der die Qualität der Erfahrung und die menschlichen Werte im Mittelpunkt stehen. Reisende suchen verstärkt nach berührenden, intensiven und transformierenden Urlaubserlebnissen, die eine echte Verbindung mit ihrer Umgebung ermöglichen. Die Studie legt dar, wie diese Veränderungen eine neue Kultur der Begegnung im Tourismus erfordern, die weit über gängige Dienstleistungen der Anbieter hinausgeht und sich auf echte menschliche Interaktionen konzentriert.

Das heißt, dass touristische Anbieter ihre Angebote neu denken müssen, indem sie nicht nur Produkte verkaufen, sondern Räume für echte Resonanzen schaffen. Diese Anpassung betrifft nicht nur die Gestaltung von Unterkünften, sondern auch Infrastrukturen, Logistik und die Ausbildung von Fachkräften.

Was unterscheidet Affekte von Gefühlen und Emotionen?

Im Rahmen der hier vorgestellten Strategie analysieren und gestalten wir Erlebnisse, Interaktionen und Markenauftritte als affektive Arrangements. Dabei wird bewusst das Begriffsfeld von »Affekt«, nicht »Gefühl« oder »Emotion« genutzt. Wie eingangs gesagt, ist »Affekte« erst einmal ein neutraler Ausdruck für das, was uns »affiziert« und bewegt, sodann auch für zeitlich kurze und intensive Gefühlsregungen, die oft mit physiologischen Begleiterscheinungen verbunden sind.

Ein Affekt in diesem Sinne ist eine durch einen Trigger stimulierte unmittelbare Gefühls- und Gemütsbewegung, die das autonome Nervensystem beeinflusst – zum Beispiel das Erschrecken vor etwas. Es ist die erste Antwort unseres Körpers und Geistes auf einen Reiz, ein Gefühl, das uns ergreift, bevor wir es intellektuell verarbeiten. Im Unterschied zu Emotionen suchen wir Affekte nicht in den Tiefen der menschlichen Psyche, sondern zwischen Menschen sowie zwischen Menschen und ihrer Umwelt.

Als Emotionen verstehen wir etwas, das in unseren Vorstellungen bereits geprägt und von Geschichten überformt ist. Emotionen wie Liebe entwickeln sich über die Zeit, sind bewusster und reflektierter. Empathie, die Fähigkeit, die Gefühle anderer zu erkennen, zu verstehen und nachzuempfinden, ist eine weitergehende emotionale Kompetenz. Affekte hingegen können in Gruppen und Gesellschaften kurzfristig und vorübergehend intensiv zirkulieren, etwa als Empörungs- oder Begeisterungswellen, und dann wieder abflauen. Sie sind flüchtiger als die langfristig bestehenden, komplexeren Gefühle.

Affekte bleiben oft unreflektiert, werden schnell verdrängt oder bleiben halbbewusst, prägen aber unsere Stimmung. Gerade weil Affekte so schnell und intensiv sind, haben sie das Potenzial, gesellschaftliche Prozesse zu beeinflussen und zu gestalten. Die Unterscheidungen zwischen Affekt, Gefühl und Emotion verschwimmen im normalen Sprachgebrauch immer wieder, auch in diesem Buch. Worauf es jedoch ankommt, ist, eine ganz bestimmte strategische Sicht auf das Thema Resonanz zu entwickeln, für die der Fokus auf die Affekte einige Vorteile bietet.

Dazu möchte ich auf das Thema »Mord im Affekt« zurückkommen. Es handelt sich dabei übrigens nicht um die irrationale Ausnahme in einer Reihe von ansonsten rational geplanten Morden, sondern um den Regelfall. Weshalb, anders, als man gemeinhin glaubt, das Vorhandensein eines Affekts sich nur in Einzelfällen strafmildernd auswirken kann. Schließlich werden die meisten spontanen Entscheidungen in irgendeiner Weise »affektiv« getroffen und nicht aufgrund langer Reflexion und Beratschlagung.

Ein Gedankenexperiment: Wie lässt sich eine solche Tat betrachten, rekonstruieren und analysieren, ohne sich in Spekulationen über individuelle psychische Verfasstheiten zu ergehen? Es ist interessant und für unsere Zwecke weiterführend, wenn man sich ein paar der juristischen Kriterien für einen Mord im Affekt anschaut. Dazu zählen neben einer Vorgeschichte »konstellative Faktoren«, also das Zusammenkommen von situativen Elementen, die zunächst einmal nichts mit dem Seelenleben des Mörders oder der Mörderin zu tun haben. Diese Faktoren einer bestimmten Konstellation, die einem Affekt Resonanz geben, sind es, die uns hier interessieren. Parallelen zum Konzept des affektiven Arrangements sind deutlich.

Anstatt also bei unserer Rekonstruktion der Tat von einer Emotion zu sprechen, die in den Tiefen der Psyche des Täters zu finden ist, reicht eine Aufzählung von Elementen: der entdeckte Liebhaber, die Dunkelheit, der Streit, der sich als Mordwaffe anbietende Gegenstand, ein finales kränkendes Wort – die allesamt den Täter »affizieren« und deren resonantes Zusammenspiel schließlich in einer Handlung, der Tötung, kulminiert. Man muss nicht ausschließen, dass Emotionen und Gefühle im Spiel sind – sie sind in der Analyse nur nicht so ausschlaggebend. Es fällt außerdem auf, dass die genannten Elemente ganz unterschiedlicher Natur sind. Es gibt Personen, Gegenstände, Worte, atmosphärische Verhältnisse, Erinnerungen. Alle diese

39

Elemente affizieren auf unterschiedliche Weise: Der entdeckte Liebhaber *schockiert* und *demütigt*, die Dunkelheit *schützt*, die Mordwaffe *verführt*, der Streit *schaukelt auf*, das letzte Wort *kränkt* – und das Zusammenspiel von alldem verleiht der finalen Kränkung so viel Resonanz, dass sie zur Tat führt.

Warum ist so eine Analyse, die einen Hergang ausschließlich hinsichtlich der Affekte und ihres Arrangements aufschlüsselt, für Strateg:innen interessanter als die psychologische Rekonstruktion einer Handlung? Weil es uns ermöglicht, gestaltend in Prozesse einzugreifen, ohne sich mit der individuellen Psyche der Beteiligten zu beschäftigen. Analog müsste man auch nicht wissen, wie es jedem einzelnen Fahrgast geht, um als Zugbetreiber mit akuten Verspätungsproblemen eine Entschuldigungskultur zu etablieren, die funktioniert (siehe **CASES**).

Vor allem in Branchen, in denen die Produkte der Marktteilnehmer sich sehr ähneln, lassen sich durch Analyse und Gestaltung von affektiven Arrangements signifikante, wiedererkennbare Unterschiede im Produkterleben herstellen. Dating-Apps machen sich das im Konkurrenzkampf bereits zunutze (siehe **CASES**). Bei ihren Angeboten spielen alle möglichen Gefühle eine Rolle: Neugier, Sehnsucht, Romantik, Liebe, Lust, Hoffnung, Langeweile, Frustration, Zukunftsängste, Sentimentalität. Jede Dating-App kann sich zum speziell ausgerichteten Resonanzraum für einige dieser Gefühle erklären. Die eine kann Neugier und Lust in den Vordergrund stellen, eine andere Romantik und Liebe, eine weitere wiederum Hoffnung und Sehnsucht.

Im Unterschied zur reinen Kommunikation dieser Ausrichtungen durch Framing in der Werbung versucht Affektive Strategie die Unterschiede auch tatsächlich technisch herzustellen. Auch hierfür sind Dating-Apps ein gutes Beispiel. Ihre Profile können viel oder wenig Information abfragen, Algorithmen können gezielt oder weniger gezielt andere Profile vorschlagen, die Menge der Interaktionspartner:innen bestimmen, das UX-Design lässt uns das Gegenüber unterschiedlich wahrnehmen, die Chat-Funktionen können unterschiedlich gestaltet werden. Zeigt mir eine App auf dem Home-Bildschirm gleich eine ganze Liste von Profilen sortiert nach Entfernung, oder zeigt sie mir einen für mich ausgesuchten Kandidaten? Fordert mich die App zum höflichen Interagieren auf und bahnt so den Weg zur ersten Kommunikation, zum *ice breaker*? Fühlt sich das Daten auf der App an wie das Angeln in einem See voller Fische oder wie die Suche nach einem seltenen Vogel?

KLEINER EXKURS IN PHILOSOPHIE UND WISSENSCHAFT[7]
Was sagt die Forschung zu Affekten?

Der Affektbegriff kursiert in den Geistes- und Sozialwissenschaften schon länger – vor allem in den sogenannten *affect studies*. Auch wenn diese Studien im Einzelnen für dieses Unterfangen lediglich einen theoretischen Hintergrund darstellen, möchte ich kurz darauf eingehen. Affekttheorie und *affect studies* untersuchen die Rolle von Gefühlen im Zusammenhang mit unseren Gedanken, Handlungen und sozialen Dynamiken – wie also konkret Emotionen unser Verhalten und unsere Interaktionen mit anderen beeinflussen.

Die *affect studies* vertreten keine einheitliche Theorie, es vereint sie eher ein ähnlicher Blick auf die Welt und auf die Wichtigkeit von Affekten für das Verständnis dieser Welt. Es handelt sich um einen ziemlich bunten Strauß aus neuzeitlicher Philosophie, Psychologie und Soziologie und in letzter Zeit vor allem der Kulturwissenschaften.

Die meisten Vertreter:innen beziehen sich auf den im 17. Jahrhundert lebenden Philosophen Baruch Spinoza, dessen Interesse vor allem der menschlichen Handlungsfähigkeit galt und den die Frage umtrieb, wie sie durch Affekte vermehrt oder gehemmt wird. Spinoza wies schon früh darauf hin, dass eine gelungene Interaktion mit anderen die Handlungsfähigkeit erhöht, während Isolation, Einsamkeit und Streit sie hemmen. Im Grunde suchte Spinoza also in seiner Ethik bereits nach »affektiven Arrangements«, die die Handlungsfähigkeit erhöhen – und fand sie in seiner Analyse der Freude. Er unterscheidet zwischen passiver und aktiver Freude und betont, dass die höchste Form der Freude aus der intellektuellen und moralischen Vervollkommnung resultiert. In diesem Sinne ist Freude für Spinoza nicht nur ein vorübergehendes Gefühl, sondern ein Ausdruck des wahren Wohlbefindens und der menschlichen Vollkommenheit.

Im 20. Jahrhundert kam es innerhalb der Psychologie und der Soziologie dann zu einer Erweiterung des psychologischen Blickwinkels, die zu den neueren Affekttheorien beigetragen hat. Es standen nun nicht mehr nur die Emotionen des Einzelnen im Fokus, sondern das resonante Wechselverhältnis von individuellem Verhalten und sozialen Strukturen.

Der Psychologe Silvan Tomkins beispielsweise hielt basale Affekte wie Interesse, Begeisterung, Überraschung, aber auch Scham und Angst für die grundlegenden Motivationselemente. Für Tomkins sind Menschen komplizierte Feedback-Systeme, die stets mit anderen Systemen im affektiven Austausch stehen – man könnte auch von Resonanzsystemen sprechen. Tomkins arbeite intensiv daran, wie sich Klienten den Einfluss von Affekten bewusst machen können, um ihr Motivationspotenzial zu nutzen und ihren Störeinfluss zu hemmen.

In jüngerer Zeit widmen sich vor allem die Kulturwissenschaften – zum Beispiel der kanadische Medientheoretiker Brian Massumi und seine Frau, die Künstlerin und Kulturtheoretikerin Erin Manning – dem Affekt und untersuchen, inwieweit gesellschaftliche Erwartungen, ökonomische Systeme und kulturelle Normen – vor allem vermittelt durch die Medien – unser emotionales Erleben prägen.

Die Ansätze teilen einen systematischen Blick auf affektive Dynamiken, der die individuellen Gefühle von Personen nicht zur Hauptsache macht. Alle konzentrieren sich auf das Wechselverhältnis von Intensität und Resonanz. Es geht um die Energie, die Gefühle erzeugt, und darum, wie sich diese Energie verbreitet und Gruppen beeinflusst.

Außerdem sind all diese Ansätze auch offen für Affizierungen, die wir nicht unbedingt als Emotionen fassen würden – zum Beispiel Sinneseindrücke wie Klang, Licht, Wärme, ästhetische Qualitäten von Dingen, aber auch von abstrakten Sachen wie Normen, Erwartungen, Regeln und Narrativen. Auf diese Weise bieten Affekttheorie und *affect studies* wertvolle Werkzeuge zum Verständnis und zur Nutzung der Macht von Emotionen, um in verschiedenen Kontexten bedeutungsvolle und resonante Erfahrungen zu schaffen.

IN ARRANGEMENTS DENKEN
Wie wird Resonanz ermöglicht?

Wie erzeuge ich nun eigentlich Resonanz, speziell auch im Kontext der Führung von Marken? In der Formulierung der Frage steckt allerdings schon ein Fehler. Denn anders als in physikalischen Settings wie der Schaukel oder der Duschkabine, in denen ich alle Parameter kenne und sich die Systeme selbst nicht ändern, ist die Resonanz im zwischenmenschlichen Bereich nicht einfach »erzeugbar«. Besser ist

43

es also, eher davon zu sprechen, Resonanz zu »gestalten« oder zu »ermöglichen«.

Die erste Voraussetzung für Resonanz ist, selbst schwingungsfähig zu sein. Bin ich offen und uneitel genug, um mich oder meine Marke für andere Kontexte zu öffnen und in einen wechselseitigen kreativen Schwingungsprozess einzusteigen?

Die eigene Schwingungsfähigkeit zu fördern bedeutet auch, eines der ältesten Credos der Markenführung aufzugeben: dass Marken für eine ewige und eindeutige Identität zu stehen haben. Affektive Strategie bietet dagegen – noch bevor ich überhaupt strategisch tätig geworden bin – die Gelegenheit, die eigene Markenidentität zu lockern und zu überdenken. Sie besteht aus dieser Perspektive nicht in einem gleichsam metaphysischen »Markenkern«, sondern in der Art und Weise, wie die Marke wahrgenommen und wie mit ihr interagiert wird. Auch Personen erkennen wir doch über ihre Handlungen und Reaktionen in sozialen Kontexten und nicht über eine wie auch immer zu verstehende Essenz ihrer Persönlichkeit.

Falls du nun Sorge um Verlässlichkeit und Wiedererkennbarkeit hast: Diese lassen sich vielleicht sogar viel besser gewähren, wenn du nicht immer in das enge Korsett einer Identität eingezwängt vorgehst. Wer auf Biegen und Brechen seine Markenidentität schützen will, wird steif und unflexibel und verliert die Schwingungsfähigkeit, um auf die Gegenwart und die Zukunft zu reagieren.

Affektive Strategie schafft in der Anwendung im besten Fall resonante Situationen, die sich stabil immer wieder aufrufen lassen. Als Erlebnisgestalterin oder Stratege ist es perspektivisch deine Aufgabe, mehr in Arrangements zu denken. Das heißt: Vergiss für einen Moment die Individualpsychologie, du kannst den Menschen nicht in den Kopf schauen. Außerdem reagieren die meisten Personen mit Rückzug, nicht mit Resonanz, wenn man ihnen zu sehr auf die Pelle rückt.

Schaue lieber darauf, wie in einem gegebenen Arrangement die affektive Energie im Fluss gehalten wird. Gehe nach dem Muster vor: Raum, Zeit, Aktion. Welche räumlichen und materiellen Elemente gibt es? Dazu gehören Orte, Touchpoints und Gegenstände, die das Erlebnis intensivieren – zum Beispiel das »Wegbier«, das den Weg zur Party affektiv einbettet, oder die Freundschaftsarmbänder, die einen als Fan von Taylor Swift auszeichnen. Auch Licht- und Sounddesign, das einen weiten, unübersichtlichen Raum, wie ein städtisches U-Bahn-Netz, umspannt, ist wichtig.

Schaue darauf, wie wiederkehrende affektive Muster in der Zeit geschaffen werden. Analysiere deine eigenen Familienfeste, wie zum Beispiel Weihnachten, und achte darauf, wie jedes Jahr wieder dieselben erwartbaren Affekte – allen voran der Signatur-Affekt »Festlichkeit« – reproduziert werden. Wie sehen die Skripte, Regeln und Prozesse aus, die dafür sorgen, dass Gemeinschaftlichkeit entsteht?

Lerne, in Episoden zu denken und sie zu gestalten. Welche archetypischen affektiven Momente muss jeder gute Urlaub haben: Aufbruch, Fahrt, Ankunft, Aufenthalt, Abschied, Heimkehr. Wie unterscheidet sich das Ankommen in der Fremde vom Ankommen zu Hause? Viele Menschen räumen beispielsweise gründlich auf, bevor sie verreisen, damit es sich bei der Heimkehr so anfühlt, als hätte das Zuhause auf sie gewartet. Dies ist bereits ein elementarer Schritt in der Gestaltung eines affektiven Arrangements. Übertrage das Gelernte auf geschäftsnahe Prozesse, wie zum Beispiel Bestellen, Warten und Auspacken.

Achte auf Handlungen, auf Interaktionen mit Dingen und anderen Personen. Im Unterschied zum klassischen Emotional Branding setzt Affektive Strategie mit ihrem Fokus auf Resonanz wesentlich auf Co-Kreation und Aktivierung. Wo haben sich Verwendungsweisen und Rituale rund um ein Produkt oder eine Marke entwickelt? Welche könnten von Marketing- oder Kommunikationsabteilungen weiter gefördert werden? Mittlerweile gibt es eine ganze YouTube-Videothek mit Ikea-»Hacks«, also Tricks, wie sich mit wenigen Schritten aus Ikea-Möbeln und Bauteilen ganz neue Möbel designen lassen. Hier werden Menschen selbst kreativ und aktiv. Do-it-yourself-Freude gerät in Resonanz mit den Produkten des schwedischen Möbelhauses. Es wäre eine spannende Übung, sich zu überlegen, wie man diese Resonanz verstärken und weiter etablieren könnte. Ikea ist ohnehin ein spannendes Beispiel für Affektive Strategie, weil Produkte verkauft werden, die hohes affektives Involviertsein verlangen – mit positiven Konsequenzen. Wissenschaftler:innen entdeckten den »Ikea-Effekt«: Menschen nehmen selbst gebaute Dinge als wertvoller wahr als fertig zusammengebaute Massenprodukte.

Resonanz bedeutet nicht, dass alles lauter und stärker wird; es geht darum, sich auf die Schwingungen der Umgebung oder des Gegenübers einzulassen. Oft gilt: Weniger ist mehr. Beispiel: Kochen. Es bedeutet, die Geschmackserlebnisse zu inszenieren. Köch:innen sind Meister der affektiven Arrangements. Sie verstehen es, in ihren Gerichten den verschiedenen Aromen eine Bühne zu geben. Gute Köch:innen wissen, dass Geschmacksintensität nicht einfach durch eine Vielzahl von Zutaten erreicht wird, sondern durch ihr harmonisches Zusammenspiel. Zimt allein kann unangenehm schmecken, im Zusammenspiel mit einem Bratapfel entfalten beide Geschmäcker eine einzigartige Wirkung.

Auch in der Affektiven Strategie geht es nicht darum, Gefühle zu maximieren, sondern sie so zu arrangieren, dass sie sich gegenseitig die beste Resonanz geben und zu einem ganzheitlichen Erlebnis werden. Ein Fußballspiel ist hierfür ein Beispiel. Für viele gehört ein gutes Stadionbier einfach zum Erlebnis dazu. Alkohol öffnet die Herzen, und das gemeinsame Trinken unter Fans intensiviert das Gemeinschaftsgefühl. Aber jedem ist bewusst, wie unangenehm und manchmal gefährlich betrunkene Fans sein können. Daher geben die Veranstalter »heikler« Spiele Bier mit geringerem Alkoholgehalt aus. Ob das tatsächlich funktioniert oder ob die Fans dann einfach mehr trinken, ist meines Wissens nie überprüft worden. Aus der Perspektive der Affektiven Strategie ist diese nuancierte Steuerung von Intensifiern wie Alkohol jedoch auf jeden Fall interessant.

Das Erleben intensiviert sich also, indem ich geschickt und gezielt Resonanz ermögliche. Jede Situation ist voller möglicher Affekte, und es ist – zumindest ein Stück weit – der gemeinsamen Gestaltung überlassen, welche davon man stärken und welche man dämpfen will. Bedeutsam für den strategischen Umgang mit ihnen ist, dass sie mir überhaupt bewusst werden. Das, was nicht bewusst ist, kann nicht gestaltet werden. Um den richtigen Affekt-Mix zu finden, hilft es, die Dinge als Arrangement zu betrachten. Was gehört zu einer Situation? Welche Elemente lassen sich verlässlich wiederholen, aus welchen Zusammenwirkungen und Konstellationen ergibt sich extra affektive Energie?

Blickt man auf das Gesagte zurück, stellt sich vielleicht ein unbefriedigender Verdacht ein: Ist denn unter dem Blickwinkel dieser Analyse nicht einfach alles ein affektives Arrangement mit unterschiedlichen Resonanzerfahrungen? Der Kaffee am Morgen, die U-Bahn

47

auf dem Weg zur Arbeit, die App, auf der man sein Mittagessen bestellt, das Zoom-Meeting, das Fitnessstudio, das Feierabendbier, der Sonnenuntergang und die *Tagesschau*? Ist diese Art Auseinandersetzung mit Resonanz und ihren Bedingungen nicht ein wenig ausufernd und beliebig?

Das stimmt – und es ist auch nicht schlimm. Das Nachdenken über Resonanz und die affektiven Arrangements, in denen sie erklingen kann, verlangt ein offenes, kreatives und gestalterisches Nachdenken. Es lädt dazu ein, alle Momente, die man erlebt, daraufhin zu untersuchen, welche Faktoren dazu beigetragen haben, dass man Resonanz erfahren kann oder sie vermisst hat. Wer sich dieser Auseinandersetzung widmet, unternimmt den ersten Schritt als Gestalter eines Erlebnisses, als Experience Designer.

Welche Tasse und welcher Ort gehören zum perfekten Morgenkaffee? Wie müsste eine U-Bahn aussehen, damit das Pendeln zur Arbeit nicht zum Albtraum wird, sondern zum positiven Erlebnis? Was ist so befriedigend an den Funktionalitäten dieser einen App und was so nervig an denen einer anderen? Welche Regeln lassen sich aufstellen, damit die zwischenmenschliche Resonanz bei virtuellen Treffen nicht abhandenkommt? Wie schafft es ein Fitnessstudio, eine freundliche und motivierende Stimmung zu erzeugen – fühlen sich hier alle willkommen, oder gibt es stille Ausgrenzungsmechanismen? Wie könnte sich die *Tagesschau* ein bisschen mehr nach Gegenwart anfühlen? All dies sind kreative Fragen. Es sind Fragen, die das Erleben von Gemeinschaft und »magischen Momenten« betreffen.

Mit der Affektiven Strategie, die auf Resonanz und affektive Arrangements setzt, wird die Aufgabe, Erleben zu gestalten, konkret umsetzbar, weil sie die Gefühle nicht im Inneren der Menschen sucht, sondern im Austausch mit anderen Menschen, Dingen und Räumen. Der Verdacht, dass potenziell alles ein affektives Arrangement und damit gestaltbar sein kann, bestätigt sich also – Gott sei Dank!

Plane mit diesem Werkzeug Affektive Strategie und setze sie um

IM SOMMER 2024 ERREGTEN VIELE INTERNATIONALE SPORTEREIGNISSE DIE GLOBALE AUFMERKSAMKEIT: die Fußballeuropameisterschaft, das Wimbledon-Tennisturnier und schließlich die Olympischen Spiele und Paralympics in Paris. Solche Großereignisse können aus verschiedenen Blickwinkeln analysiert werden: ergebnisorientiert anhand des Medaillenspiegels, wirtschaftlich anhand von Zuschauerquoten und -zahlen – oder aus der Perspektive des fühlbaren Erlebens, ihres affektiven Arrangements.

Was zählt zu den entscheidenden »Olympiagefühlen«? Welche Resonanz gibt es auf die Ereignisse? Wie wird unser Empfinden in Bezug auf Frankreich beeinflusst oder verändert? Um die zentralen Merkmale solcher Großereignisse zu beschreiben, Signatur-Affekte und ihr Potenzial planen zu können, haben wir ein Instrument entwickelt, das wir im Beratungsalltag für Affektive Strategien einsetzen: die Resonanz-Canvas. Sie ergänzt die Storyverse-Canvas aus dem *Storyverse Playbook*. Die Resonanz-Canvas ist nicht nur ein Planungswerkzeug für Events wie Sportveranstaltungen oder Konzerte, sondern kann ebenso gut für abstrakte Erlebnisse verwendet werden. Sie kann sowohl allgemein als auch sehr spezifisch genutzt werden.

Wir haben mithilfe der Resonanz-Canvas bereits viele Affekte beschrieben: Die emotionale Wirkung der *Tagesschau* haben wir als »vernünftige Betroffenheit« bezeichnet, die das Wirklichkeitsgefühl der Zuschauer:innen prägt. Den Besuch im Berliner Nachtclub Berghain charakterisieren wir als »Ekstase durch Unterwerfung«: Nur wer die ungeschriebenen Regeln des Türstehers befolgt und viele kulturelle Codes kennt, wird in den Genuss des Erlebnisses kommen und in Ekstase geraten (siehe **CASES**).

Die Resonanz-Canvas
für Affektive Strategie

MARKE
Welche Marke tritt in Beziehung?

ERLEBNISRAUM
Um welchen Kontext geht es?

PUBLIKUM
Wer kommt zusammen?

ERLEBNIS-ZIEL
Was soll erreicht werden?

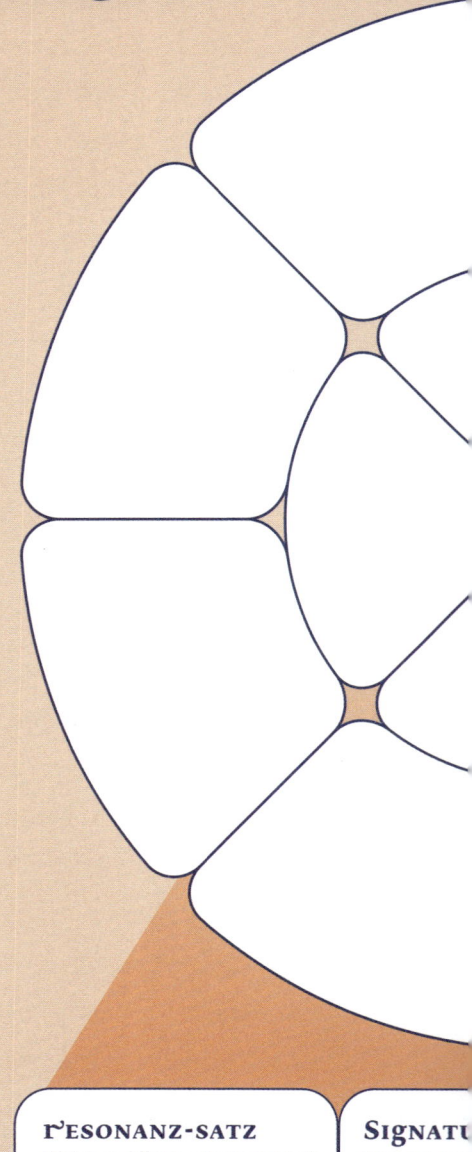

RESONANZ-SATZ
Welcher Affekt schwingt hier?

SIGNATU...
Was ist das...

affektives
ARRANGEMENT
Um welche Erlebnisse geht es?

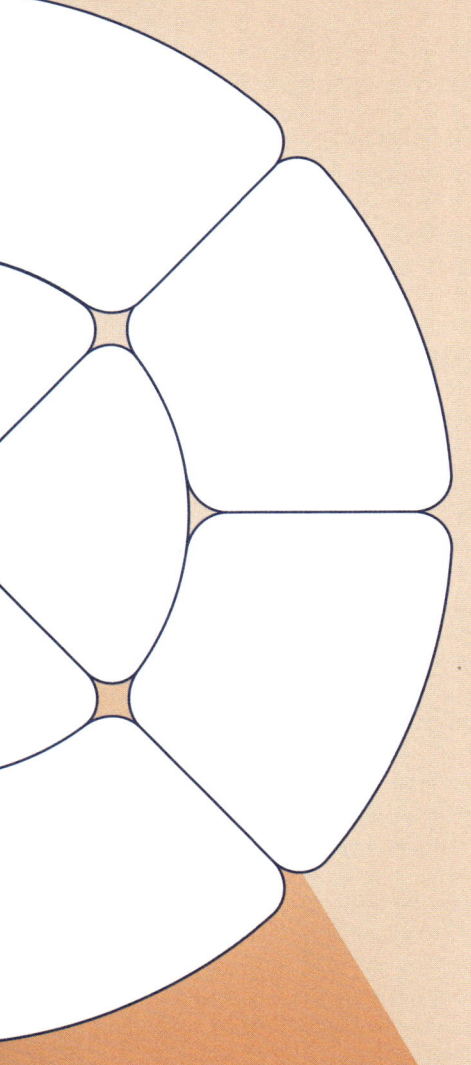

dramaturgie
Wie läuft das ab?

rituale
Was wiederholt sich häufig?

key pairings
Welche Erlebniswelten werden
miteinander verknüpft?

kommunikation
Wie und wo wird
das Erlebnis mitgeteilt?

wert'
Welcher Mehrwert wird geschaffen?

FEKT
te Erlebnis?

narrativ
Für welche sinnstiftende
Geschichte steht das?

53

Mit der Resonanz-Canvas geht es darum, Fühlen präzise zu erfassen und den Punkt zu bestimmen, an dem es intensiv beeinflusst oder transformiert werden kann. Affekte so zu beschreiben mag subjektiv erscheinen. Unsere Methode zielt jedoch darauf ab, das Fühlen pointiert und zeitgemäß zu beschreiben, wobei diese Subjektivität durchaus akzeptabel ist. Das Fühlen kann durch Meinungsforschung mit speziellen Methoden oder auch durch Datenauswertung objektiviert werden. Die Qualität der Formulierungen ist bewertbar, jedoch nicht vollständig objektivierbar.

Fragen aus dem Arrangement des Erlebens

- Möchtest du das Erleben rund um deine Marke besser verstehen?
- Möchtest du begreifen, wie sich deine Organisation anfühlt?
- Möchtest du ein bestehendes Markenerlebnis transformieren oder verändern?
- Möchtest du ein ganz neues Erlebnisangebot schaffen oder einen neuen Akzent setzen?
- Willst du bestimmten Affekten in den Erlebnisräumen deiner Marke mehr Resonanz verleihen?
- Möchtest du Erlebnisräume gestalten, die Menschen gerne immer wieder aufsuchen?
- Möchtest du bisher wenig gefühlten Affekten mehr Resonanz geben?

- Ist es dir wichtig, den Signatur-Affekt deiner Marke zu identifizieren und zu verändern?
- Möchtest du, dass ein bestehendes Angebot affektiv neu wahrgenommen wird?
- Möchtest du Sprache und Strukturen für das gesellschaftliche Fühlen und Erleben entdecken?

Diese Fragen führen zur Resonanz-Canvas.

Herangehensweise:
Wie du die Resonanz-Canvas nutzen solltest

Die Resonanz-Canvas kann als analytisches und als strategisches Tool verwendet werden. Auf insgesamt neun Feldern trägst du Erkenntnisse über deinen Untersuchungsgegenstand ein, zum Beispiel über deine Marke oder Organisation.

Fragen zur Reflexion

- Wie erlebe ich die Situation derzeit?
- Was sind die Signatur-Affekte meines Produktes?
- Wo liegt das Ungefühlte?

Wie du die Resonanz-Canvas nutzen solltest

Zum tieferen Verständnis werden die einzelnen Felder in der Resonanz-Canvas beschrieben. Es bietet sich an, die Felder in dieser Reihenfolge zu bearbeiten. Ein paar Begriffe und Gedanken, wie die Felder auszufüllen sind, gebe ich dir hier schon auf den Weg – mit dem Beispiel Fußball. Damit du noch besser nachvollziehen kannst, wie die Anwendung des Tools in der Praxis aussieht, habe ich auf den Folgeseiten die Canvas einmal komplett ausgefüllt – mit einem Case, der auch später im Detail von mir besprochen wird – dem Berliner Technoclub Berghain.

Marke

Blicke aus der Perspektive einer Marke auf das Erlebnis. Geht es zum Beispiel um das Bier im Fußballstadion oder um den Heimatverein und seine Identität? *Beispiel: Sportschuhmarken, Biermarken, Sponsorenmarken, Personal Brands.*

MARKE
Welche Marke tritt in Beziehung?

Erlebnisraum

Beschreibe hier möglichst allgemein die generellen Erlebnisräume und den dazugehörigen Kontext. *Beispiel Fußballspiel: Stadion, Spieltag, Europameisterschaft, Aufstieg, Meisterschaft.*

ERLEBNISRAUM
Um welchen Kontext geht es?

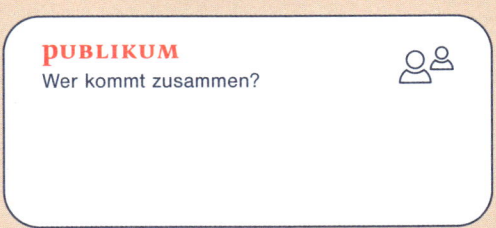

Publikum

Beschreibe, wer in dem Erlebnisraum zusammenkommt
und die Marke gemeinsam wahrnimmt.
Zwischen wem findet Resonanz statt?
Was eint das Publikum, was unterscheidet die Nutzungsgruppen?
Sammle die unterschiedlichen Gruppen mit gemeinsamer Identität.
Beispiel: Fans, Spieler, Teams, Zuschauer.

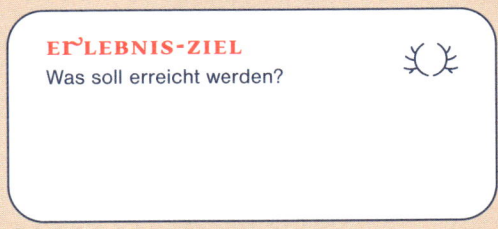

Erlebnis-Ziel

Hier notierst du das Ziel. Für eine Europameisterschaft
wäre etwa denkbar, das Gefühl der Gastfreundschaft
oder »Europa-Affekte« zu erzeugen oder eine
Aufbruchstimmung im Fußball zu stiften.
*Beispiel: Ziel ist es, ein Gefühl der Zusammengehörigkeit
und des Stolzes auf die europäische Kultur zu fördern.*

AFFEKTIVES ARRANGEMENT
Um welche Erlebnisse geht es?

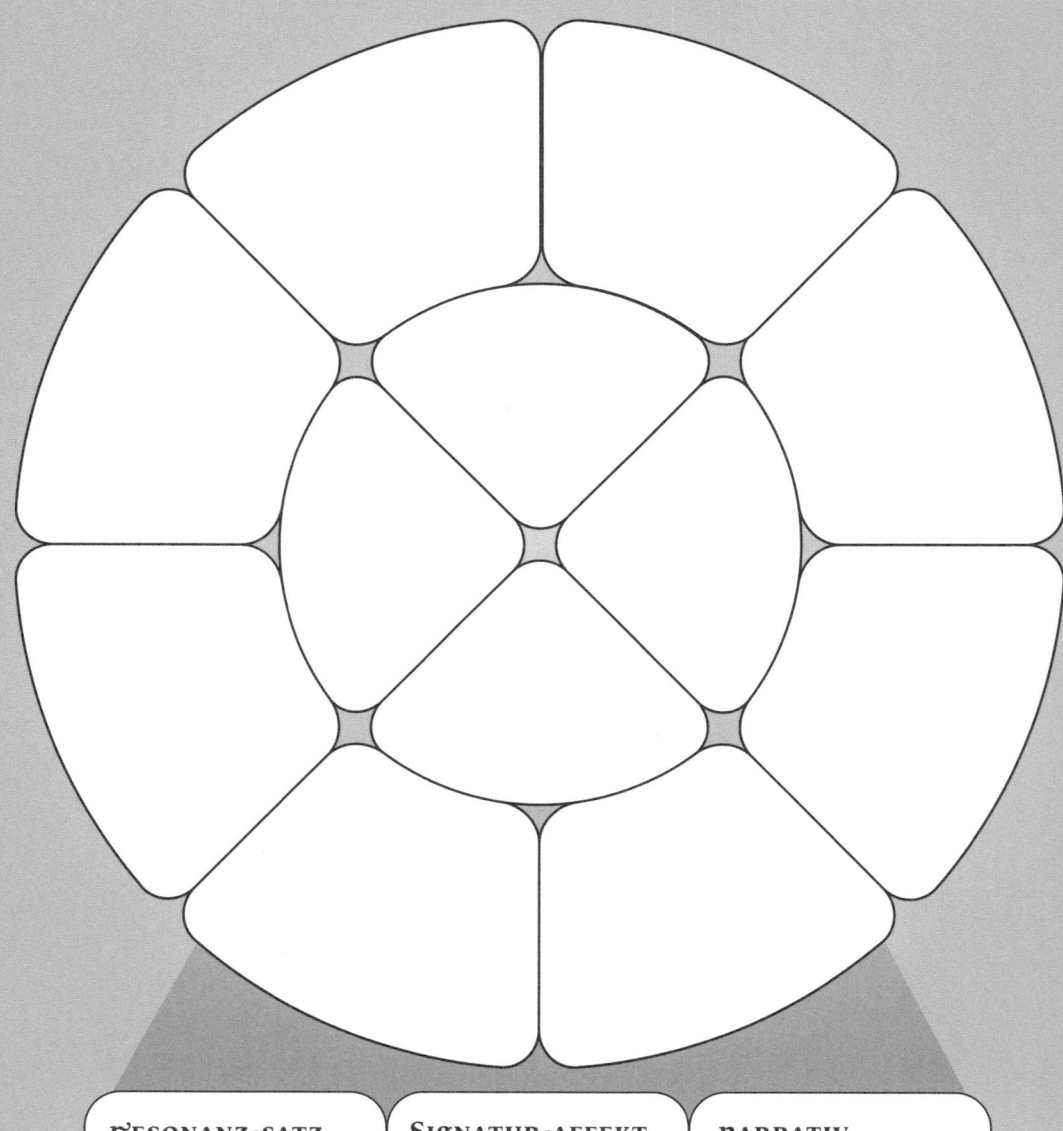

RESONANZ-SATZ
Welcher Affekt schwingt
hier?

SIGNATUR-AFFEKT
Was ist das intensivste
Erlebnis?

NARRATIV
Für welche sinnstiftende
Geschichte steht das?

Affektives Arrangement entwickeln

Sammle Erlebnisse und beschreibe alle Aspekte, die das
Erlebnis oder den Erlebnisraum besonders machen. Sortiere,
gruppiere die Erlebnisse und Affekte und arbeite ein Arrangement
der stärksten Erlebnisse aus.

*Beispiel Fußballspiel: Spielfläche, geschossene Tore, die La-Ola-Welle
und die Fans. Affekte könnten Euphorie beim Mitsingen der Hymne
oder Schock bei einem Tor der gegnerischen Mannschaft sein.*

Signatur-Affekt identifizieren

Identifiziere aus dem Arrangement der wichtigsten Erlebnisse
und Affekte einen stilprägenden und besonders bedeutsamen
Signatur-Affekt. Formuliere einen emotional intensivierenden
Affektsatz, der das Fühlen auf den Punkt bringt.

*Beispiel: Der Moment des Gewinns könnte der Signatur-Affekt sein, während der
Zusammenhalt im Vordergrund steht, egal ob Sieg oder Niederlage.*

dRAMATURGIE
Wie läuft das ab?

Dramaturgie

Wie läuft das Erlebnis ab? Sammle die einzelnen Schritte des Erlebnisses: Wie bahnt es sich an, was passiert nach einem besonderen Moment? Welches Gefühl bleibt, wie geht es weiter? Wo und wann gibt es einen Aufruf zu handeln? *Beispiel: Die Ankunft im Stadion, das Warten auf den Anpfiff, die ersten Tore und die Schlussfeier.*

Rituale

Was wiederholt sich häufig? Was eignet sich für die Ritualisierung? Schreibe auf, welche Rituale du finden kannst. Welche Affekte triggern diese Rituale oder verstärken sie? *Beispiel: Das Singen der Vereinslieder, das gemeinsame Feiern nach dem Spiel.*

RITUALe
Was wiederholt sich häufig?

Key Pairing

Welche Erlebnisräume lassen sich miteinander verknüpfen, sodass Resonanzen sich gegenseitig verstärken? *Beispiel: Im Fußballstadion wird zu Fairness und Aktionen gegen Rassismus aufgerufen. Die Welt des Breitensports hängt mit dem Leistungssport zusammen.*

kEY PAIRINGS
Welche Erlebniswelten werden miteinander verknüpft?

Kommunikation

Wie und wo wird das Erlebnis kommuniziert? Wie lässt es sich teilen, liken, sodass auch für die nicht originär Beteiligten Resonanzmöglichkeiten entstehen?

Beispiel: Social-Media-Kampagnen, Liveübertragungen, Fan-Events.

KOMMUNIKATION
Wie und wo wird
das Erlebnis mitgeteilt?

Wert

Welcher Mehrwert entsteht durch das Erleben? Das kann ein monetärer Wert sein, wie die Einnahmen aus dem Konzert oder Stadionbesuch, oder auch ein imaginärer oder intrinsischer Wert.

Beispiel: Ein Land möchte mit der Durchführung der Olympischen Spiele mehr Aufmerksamkeit, Zusammenhalt oder Wachstum erreichen.

WERT
Welcher Mehrwert wird geschaffen?

Die Resonanz-Canvas
für Affektive Strategie
am Beispiel Berghain

MARKE
Berghain

ERLEBNISRAUM
Berliner Tanzerlebnis

PUBLIKUM
Connaisseur:innen der
Techno- & Tanzkultur

ERLEBNIS-ZIEL
Ausgelassenheit & Transgression

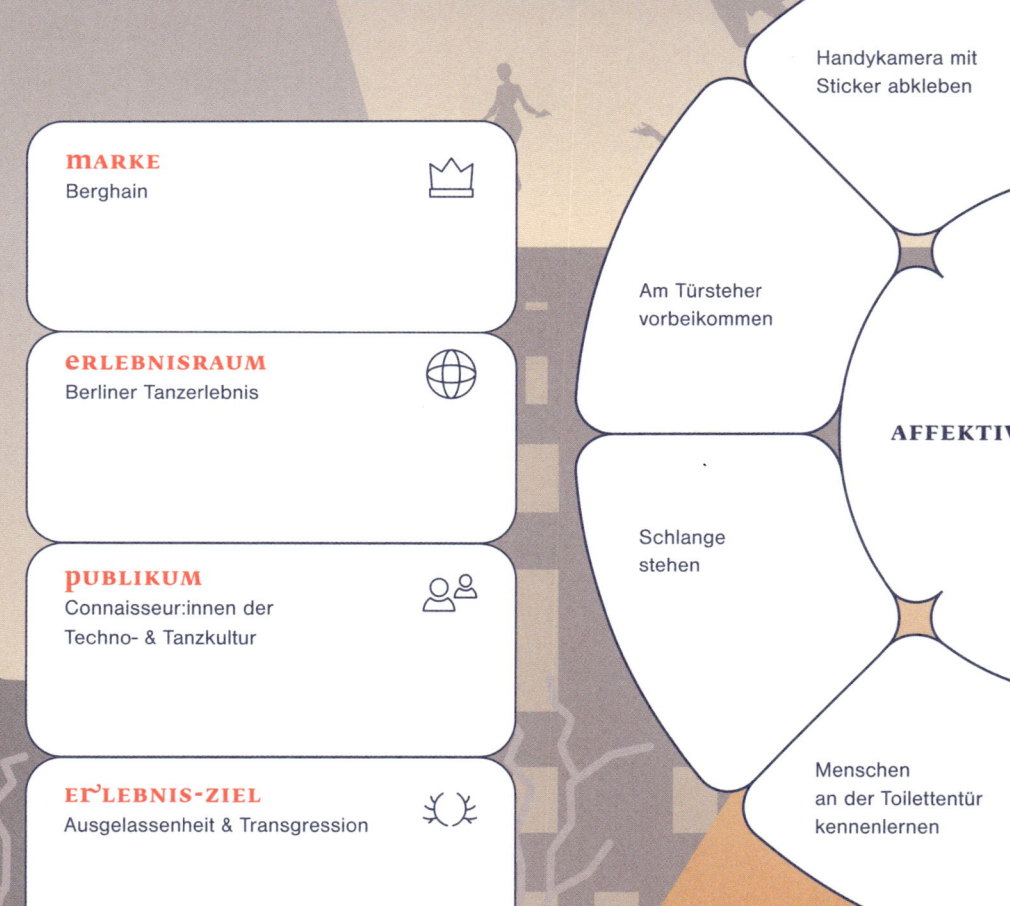

Handykamera mit
Sticker abkleben

Am Türsteher
vorbeikommen

AFFEKTIV

Schlange
stehen

Menschen
an der Toilettentür
kennenlernen

RESONANZ-SATZ
Ekstase durch Unterwerfung

SIGNAT
Triumph a
der Clubw

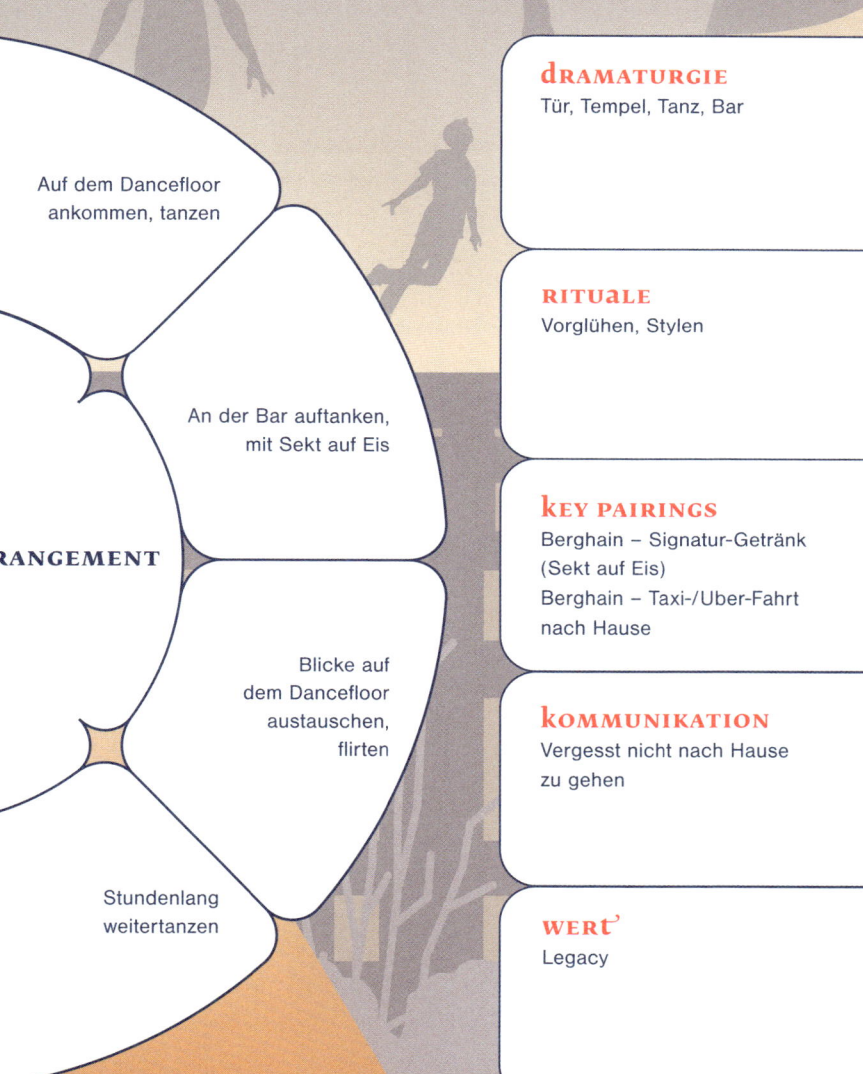

Auf dem Dancefloor
ankommen, tanzen

An der Bar auftanken,
mit Sekt auf Eis

RANGEMENT

Blicke auf
dem Dancefloor
austauschen,
flirten

Stundenlang
weitertanzen

dramaturgie
Tür, Tempel, Tanz, Bar

rituale
Vorglühen, Stylen

key pairings
Berghain – Signatur-Getränk
(Sekt auf Eis)
Berghain – Taxi-/Uber-Fahrt
nach Hause

kommunikation
Vergesst nicht nach Hause
zu gehen

wert
Legacy

EKT
sten Tür
ren

narrativ
Ein unendlicher Tanzabend

Affekt-Regler
Das Erleben über Kontrast-erfahrungen identifizieren

Ein ergänzendes Tool zur Resonanz-Canvas ist der sogenannte
Affekt-Regler. Es geht einerseits darum, die Intensität von Affekten zu
erfassen und zu beschreiben. Andererseits soll der Affekt-Regler dabei
helfen, Klarheit in Bezug auf die Affekt-Dimensionen zu erhalten.

AFFEKT-REGLER
Von den Erlebnis-
dimensionen zur
Justierung

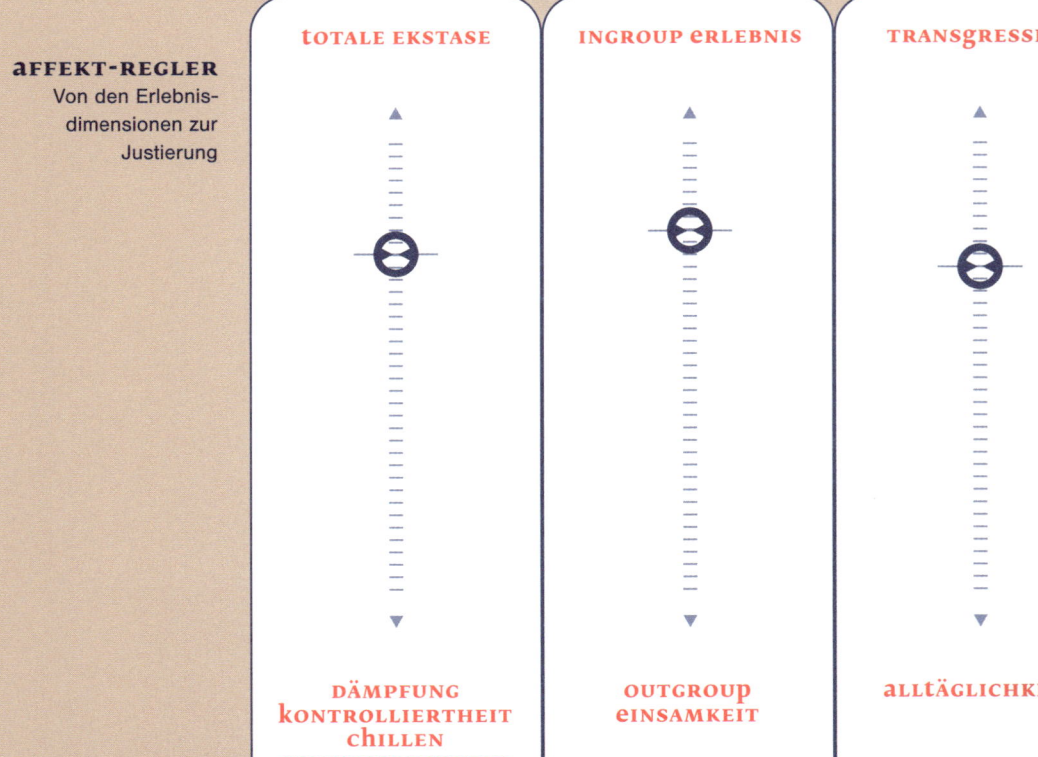

TOTALE EKSTASE

INGROUP ERLEBNIS

TRANSGRESSI

DÄMPFUNG
KONTROLLIERTHEIT
CHILLEN
UNAUFGEREGTHEIT

OUTGROUP
EINSAMKEIT

ALLTÄGLICHKE

Hier geht es vor allem um Kontrastierung, wie du in dem Beispiel unten gut erkennen kannst. Tritt ein Affekt besonders in den Vordergrund? Was wäre das Gegenteil des erlebten Affekts? Welcher Affekt soll stärker erlebbar sein? Oder welcher Affekt ist in dem Beispiel besonders stark?

Kontrastierende Affekte: Beschreibe am oberen Ende der Pfeile, welche Affekte bei deinem Beispiel besonders stark erlebbar sind. Und markiere für dein Beispiel, wohin sich der Knopf des Reglers verschieben lässt. Sammle unten, welche gegensätzlichen Affekte gegenüberstehen.

bEISPIEL-
BERGHAIN

Lerne von anderen Marken und Erlebnisräumen für deine eigene Affektive Strategie

UM DIE DIMENSIONEN DES ERLEBENS ANGEMESSEN ZU ERFASSEN, die wichtigsten Mechanismen dahinter zu verstehen und selbst aktiv Erlebnisse zu gestalten, ist es notwendig, die Komplexität des Erlebens systematisch zu analysieren. Daher war es mir wichtig, vielfältige Beispiele aus Gesellschaft und Wirtschaft zusammenzutragen, um die Muster, Strukturen und Wirkungsmechanismen hinter dem Erleben zu identifizieren und dir zugänglich zu machen. Mein Team und ich haben verschiedene Phänomene des Erlebens unter die Lupe genommen, die im folgenden Kapitel schichtweise analysiert werden, ähnlich wie bei einer archäologischen Grabung.

Die wichtigsten Begriffe für die Affektive Strategie wurden bereits beschrieben. Jetzt werden sie im Zusammenhang mit konkreten Cases veranschaulicht und eingebunden. Der Blick richtet sich auf spezifische Erlebnisphänomene und ihre Kontexte, auf verschiedene Affektmuster und affektive Arrangements, auf Signatur-Affekte und auf Elemente, die Resonanz verstärken.

Am Ende jedes Kapitels findest du Anregungen und konkrete Strategien, die dir helfen sollen, Erlebnisse informiert zu gestalten. Im besten Fall kannst du das Gelernte direkt auf deinen eigenen Case übertragen – und dazu musst du nicht einmal ein Fan von Taylor Swift sein oder jemals das Berghain besucht haben. Vielmehr sind die hier beschriebenen Beispiele als produktive Erlebnis-Templates zu betrachten.

Viel Spaß auf dieser besonderen Reise durch die vielen Facetten des Erlebens, die hoffentlich unterhaltsam und anregend für dich sein wird!

Taylor Swift Togetherness!

So anziehend ist es, wenn die Welt mitschwingt

IM FILM IST DIE FIGUR DES ANTIHELDEN EIN KLASSIKER. Es ist jemand, der nicht immer durch lupenreine Moral auffällt, aber letztlich doch das Richtige tut. Im Leben sind es du und ich, Leute, die gar keine Helden sein wollen. Menschen, die auch mal an sich zweifeln – an Fähigkeiten, dem Erfolg, der eigenen Attraktivität, an der Zukunft einer Beziehung oder der Welt überhaupt.

Mit *Anti-Hero* ist auch das bisher kommerziell erfolgreichste Lied einer begabten Singer-Songwriterin aus Pennsylvania betitelt. Auf einer Weihnachtsbaumplantage aufgewachsen, ausgestattet mit überragender Musikalität und klugem Texttalent, schickt die heute 34-jährige Taylor Swift über die meisten ihrer mittlerweile 250 Songs Identifikationsangebote auf die Reise, wie sie die Welt noch selten verspürt hat.

Seismologen rund um die Konzertstätten der Künstlerin ziehen beim Blick auf die Messinstrumente nervös die Brille aus der Brusttasche. Denn Swift lässt nebenan mal wieder die Welt erbeben – mit einem Resonanzvermögen bei Fans, Medien und Politik, das weit über Stadien und Festivalgelände hinausreicht und im Kunstbetrieb seinesgleichen sucht.

DAS TAYLORVERSE
Galaxie mit niedrigen Eintrittshürden

Bewusst oder unbewusst gelingt Swift etwas wirklich Neues. Sie entfacht im Tun, in Gesten und im Kommunizieren, was ich ein affektives Arrangement nennen würde: eine sozial hergestellte und kuratierte, dynamische Anordnung verschiedener Elemente, die Kollektiverfahrungen produzieren. In Swifts Fall im Weltmaßstab.

So entsteht eine komplexe zwischenmenschliche Mechanik mit enormer Bindekraft und Aufmerksamkeitspower. Nicht umsonst zirkuliert der Begriff des »Taylorverse«. Swifts Einflusssphäre ist mittlerweile gigantisch und wird immer vielschichtiger. Swift ist Ziel hingebungsvollen Fandoms und steht im Zentrum eines weltumspannenden Raums von Geschichten, so wie *Harry Potter* und das »Potterverse« für junge Erwachsene in den 2000er-Jahren und darüber hinaus.

Scheinbar mühelos gelingt es der Musikerin aus dem Provinzstädtchen West Reading, eine riesige, diverse Zielgruppe abzuholen, die mit großem Enthusiasmus das Taylorverse weiterbaut. Mir kommt dieser Magnetismus wie eine sich unaufhaltsam drehende Galaxie vor, auf deren Schwerkraft sich immer mehr kleine und große Sterne einlassen wollen, um mitzureisen.

In London versorgte Swift auf der »Eras Tour« 2024 achtmal das ausverkaufte Wembley-Stadion, zusammen 700 000 Menschen, mit ihrer freundlichen, ästhetisch coolen und für jeden einzelnen Fan immer irgendwie maßgeschneidert wirkenden musikalischen Umarmung. Die britische Hauptstadt hat dafür eine ihrer Designikonen, den berühmten U-Bahn-Plan von London Underground, kurzerhand ge-»swifted«. Auf der *Tube Map Taylor's Version* tragen die U-Bahn-Linien Namen von Hit-Alben und erscheinen als bunte Perlenketten, Charttopper wie *Anti-Hero, Blank Space* oder *Lover* markieren die Haltestellen. Warum entschließt sich eine Stadtverwaltung zu so etwas? Warum wollen taktisch denkende Bürgermeister und technokratisch ausgerichtete Verwaltungsfachleute der fröhlichen Galaxie, die gerade in der Stadt ist, zusteigen?

Eine Freundin winkt uns an ihr Lagerfeuer

Zumindest aus der Fan-Perspektive kann man Swift keineswegs zu den entrückten Weltstars zählen. Wenigstens erscheint sie nicht als jemand, der durch strikte Zurückgezogenheit Entzauberung vermeiden möchte – wie etwa einst Michael Jackson. Vielmehr erscheint sie im Austausch mit Millionen von Fans in Stadien, Hallen, auf Festivalbühnen und mit ihren 238 Millionen Instagram-Followern als ein »Wie du und ich«-Gegenüber, eine vielleicht etwas glamourös ausgerichtete Normalbürgerin.

Swift löst ähnlich schrille Affekte aus wie in den 1960er-Jahren vier Jungs aus Liverpool mit ihrem Merseyside-Pop. Während die »Beatlemania« jedoch nach kurzer Zeit damit endete, dass die vier, entnervt von der Hysterie, fast nur noch im Studio musizierten, ist diese Konsequenz bei der »Swiftmania« nicht vorstellbar. Denn die Hauptdarstellerin des Taylorverse braucht die Fans, am besten mit nicht mehr als ein paar Meter Abstand. Aus dieser hierarchiefreien Haltung heraus winkt uns Swift jedes Mal höchstpersönlich an ihr flackerndes Lagerfeuer. Natürlichkeit, Nahbarkeit und respektvoll eingehaltene Augenhöhe zu den Fans sind die Eckpfeiler dieser Einladung. Ein Affekt wird ausgelöst, dem wir nur zu gerne nachgeben.

Swift musiziert im Liverpooler Anfield-Stadion vor 60 000 Menschen, hält plötzlich inne und gesteht, dass die »Eras Tour« mit über 150 Auftritten weltweit ihr Leben komplett übernommen habe: »Ich hatte mal Hobbys, kann mich aber nicht mehr daran erinnern, was sie waren. Denn wenn ich nicht auf der Bühne stehe, sitze ich zu Hause und frage mich, welche Songs ihr heute wohl hören mögt. Auch ihr habt euch vorbereitet, könnt meine Texte auswendig, seid gekommen, um eine gute Zeit zu haben. Bin ich nicht auf der Bühne, dann träume ich davon, wieder mit euch zu sein.« Warum wirken diese Worte aus ihrem Mund nicht anbiedernd, sondern authentisch und lösen bei den Fans Rührung und begeistertes Kreischen aus?

Die Antwort lautet meiner Ansicht nach: Das affektive Arrangement, das Swift anbietet, gibt Millionen von Menschen die Möglichkeit, einer Freundin zu begegnen. Mit ihr kann man einen emotionalen Ort ansteuern, an dem sich Lebensmut, Solidarität und Wir-Gefühl tanken lassen. Das Zusammentreffen im Taylorverse ermöglicht eine vibrierende Beziehung zu anderen und zur Welt. Aus dem »Come as you are«-Individualismus der 1990er-Jahre mit seiner abwartend-skeptischen »Schauen wir mal«-Haltung wird bei Swift, im harten Kontrast dazu, ein überloyal engagierter »Come as community«-Kollektivismus mit einem lautstarken »Kreiere alles hier und jetzt mit!«-Appell. Eine vollkommen zynismusfreie Sphäre spendet emotionalen Schutz, mutmachenden Gleichklang und damit auch eine fast sektiererisch wirkende Verbundenheit, die von den Swifties ausgeht. So verstärken sich resonante Formen des Zusammenseins.

Diese besondere Dynamik hebt Swift von ihren Vorgänger:innen und vielen ihrer Zeitgenoss:innen ab. Ihre Konzerte sind nicht nur Shows, sondern Erlebnisse, die durch die Interaktion mit ihren Fans geprägt sind. Statt passiv zu konsumieren, empfinden diese sich als gleichberechtigte Partner mit einer kollektiven Identität im kreativen Prozess. In einer Welt, in der die »Mädchenkultur« lange als passive Konsumentenkultur abgetan wurde, steht Swift damit auch als leuchtendes Beispiel dafür, dass Popkultur weibliches Empowerment voranbringen kann. In den 1990er-Jahren dominierten noch Boybands die

Charts. Sie verschickten, im Wege einer paternalistisch konzipierten Strategie, perfekt inszenierte Botschaften an Mädchen in aller Welt, die diese bereitwillig aufnahmen und verinnerlichten. Selbst bei der angeblichen »Girlpower«-Band Spice Girls funktionierte dieser Mechanismus noch als Einbahnstraße, diesmal von Frau zu Frau.

Zeitgenössische Künstler:innen wie Swift machen Schluss mit solchen Hierarchien und setzen an ihre Stelle die fast stammesähnlich funktionierenden, flach ausgerichteten, sich selbst entwickelnden Mehrwegbeziehungen innerhalb der Community. Swifties genießen es nämlich nicht nur, dass Taylor Swift sie um sich haben möchte. Vor allem wollen sie die Gemeinschaft mit anderen Swifties erleben, sich mit Gleichgesinnten auf einer eigenen Gefühlsfrequenz synchronisieren. Als Swiftie erlebt man sich selbst, indem man andere Swifties erlebt.

Ich vermute, dass Swift wohl intuitiv und ohne größeres Konzept so modern agiert. Doch mir kommt an dieser Stelle der Gedanke, dass ihr die soziologische Blaupause für ihr affektives Arrangement der neuzeitliche Denker Baruch de Spinoza hätte einflüstern können. Ihm zufolge wird »das menschliche Vermögen nicht so sehr durch den eigenen Körper bestimmt, sondern durch die Gemeinschaft, deren Gesamtheit ihre Macht bestimmt«. Es ist, als hätte der Niederländer aus dem 17. Jahrhundert Artikel 1 der Weltsatzung des modernen Taylorverse geschrieben.

VERSÖHNUNG MIT DEM SELBST'
Die Welt durch Taylor Swifts Songs verstehen

Die Figur des Antihelden sagt auch aus einem weiteren Blickwinkel heraus viel über Swift und ihren Community-Magnetismus. Die Künstlerin vermittelt mit ihrer Musik wirksame Identifikations- und Beratungsangebote, die von ihren Fans millionenfach wahrgenommen werden. »Ich bin's! Hi! Ich bin das Problem! Ich bin's!«, lautet der Refrain des Nummer-eins-Hits *Anti-Hero*. Swift erzählt mit viel Ironie von ihren eigenen Dämonen, ihren Teenagerjahren, depressiven Phasen, Zerstörungswut, Essstörungen und Komasaufen. Davon, wie alle anderen Menschen plötzlich »sexy babies« zu sein scheinen, während sie sich selbst wie »ein Monster auf dem Hügel« vorkommt, vor dem alle fliehen.

Anti-Hero streamte allein am Tag der Veröffentlichung auf Spotify im Oktober 2022 über 17 Millionen Mal. Ein historischer Rekord für die digitale Plattform. Und das mit einem unverblümten Bekenntnis zu Unvollkommenheit, Unsicherheit und Ängsten durch eine Künstlerin, die sich in der Videoversion des Songs irgendwann in den Schoß übergibt, sich als Happy Ending aber doch mit ihrem jüngeren Selbst versöhnt und gemeinsam mit ihm auf dem Hausdach sitzend entspannt eine Flasche Wein austrinkt.

Diese Selbstgeißelung in Form einer partyfähigen Synthie-Pop-Hymne nennt Swift »eine geführte Tour durch alles, was ich an mir hasse«. In solchen Momenten entsteht einer der wirksamsten Affekte, den das Taylorverse aufzubieten hat: Man rückt, vor allem als Teenager, spontan innerlich mit ihr zusammen und fühlt, dass man nicht allein steht vor den Hürden des Aufwachsens – dass es auch Weltstars nicht anders ging und es immer einen Ausweg gibt. *Anti-Hero* wurde zu ihrem bislang kommerziell erfolgreichsten Song, weil Swift sich darin – frei von Kitsch, intelligent und andeutungsreich – als Antiheldin anbietet, für die man sich auch mit dem niedergedrücktesten Selbstbewusstsein ohne Wenn und Aber begeistern kann.

Codiertes Messaging stärkt Loyalität

Ein weiterer Katalysator für Aufbau und Pflege einer loyalen Fangemeinschaft ist die enge thematische Verwobenheit von Swifts Songtexten. Fast immer geht es um Persönliches. Thema sind meist Beziehungen, Selbstwertgefühl, Selbstermächtigung, Unabhängigkeit, Familie, Teenagerprobleme. Swift spannt dabei gekonnt ein Bedeutungsnetz auf, in dem alles mit allem verbunden zu sein scheint. Vieles wird nur angedeutet und lädt damit zur Interpretation ein.

Der Einsatz ihrer geheimnisvollen Glückszahl 13 im Gesamtœuvre. Der Mix aus Groß- und Kleinbuchstaben, der eine Zeit lang Alben- und Songtitel markierte. Aber auch der Farbcode ihrer Gitarre und der Bühnenkostüme. Abendelang rätseln Fans anhand solcher Spuren, was »Tay« wohl meint – so wird sie von Travis Kelce genannt, Quarterback der Kansas City Chiefs, ihrem derzeitigen Partner. Ist die Beziehung mit ihm glücklich? Kommt nächste Woche ein neues Album? Hat sie sich jetzt doch noch eine vierte Katze angeschafft? Das Taylorverse ist auch eine fieberhafte Schnitzeljagd nach Insiderwissen. Dass so ein Affekt-Mechanismus die Bindung einer Community stärkt, liegt auf der Hand.

Als Bühnenmensch kommt Swift nahbar, inklusiv und verbindlich rüber, doch über die Abläufe und Strukturen hinter ihrer öffentlichen Persona ist wenig bekannt. So entsteht der Eindruck, alles, was im Taylorverse passiert, käme von ihr selbst, werde von ihr ausgelöst oder entschieden. Sie ist der erste Mensch, der es geschafft hat, ausschließlich mit selbst komponierter und aufgeführter Musik die Milliarden-Dollar-Grenze beim Privatvermögen zu überspringen. So ein Mensch muss doch unschlagbare Fähigkeiten haben, seinen Weg zu machen. Welcher Fan würde ein solches Vorbild als Leader für die eigene Weltwahrnehmung vom Sockel stoßen?

Heute sind wir alle Taylor Swift

Eingedenk der zitierten Worte Spinozas sollte man im Taylorverse Macht und Vermögen des Einzelnen nicht isoliert betrachten. Nur als Gemeinschaft, in der die Affekte zwischen den Individuen schwingen und verstanden werden, beginnt sich dieses Habitat mit Leben zu füllen und kann die Fan-Galaxie expandieren. Menschen oder soziale Situationen, aber auch Gegenstände, Accessoires und Kleidung stellen die affektive Schwerkraft her.

Im Song *You're on Your Own, Kid* werden die Swifties von der Künstlerin regelrecht ermutigt, untereinander in eine emotionale Tauschökonomie einzusteigen: »So, make the friendship bracelets, take the moment and taste it. You've got no reason to be afraid«, heißt es darin. Prompt finden sich auf TikTok, Instagram und YouTube Videos von Fans bei der Fertigung von Freundschaftsarmbändern, um sie bei Konzerten an Leute zu verschenken, die noch keines haben. Die Buchstabenperlen in den »Friendship Bracelets« zeigen Wörter oder Sätze mit Taylor-Swift-Bezug – Songtexte, Albumtitel oder die Namen ihrer Katzen. Im Interview erklärt ein weiblicher Fan die Begeisterung für den Bracelet-Trend: Die Armbänder auf den Konzerten zu tauschen sei perfekt, um neue Leute kennenzulernen.

Aus einem ähnlichen Impuls speist sich das massenhafte Verkleiden als Fan von Swift, ein Trend, der ebenfalls zu einem Social-Media-Phänomen herangewachsen ist. Fans schneidern die Kostüme aus den Musikvideos der Künstlerin nach, gehen darin auf die Konzerte und machen so aus einem Swift-Live-Gig etwas, bei dem nicht die Künstlerin, sondern ein karnevaleskes, basisdemokratisch inspiriertes Gemeinschaftsgefühl im Fokus steht, bei dem Swift zwar noch den Ton angibt, aber der Rest der Melodie von den Fans gespielt wird – nach dem Motto: »Heute sind wir alle Taylor Swift.«

SOFTKILL
Schmerzfreie Unterwanderung wirkt

Swift schafft es, durch qualitätvolle Musik, natürliche Bühnenpräsenz und eine eigenwillige, von ihr selbst kreierte Persona stärkste emotionale Bindungen zu stiften. Diese emotionale Resonanz basiert auf einem Softkill-Affekt, durch den ihre Fans tiefe Berührung spüren, oft ohne dass diese sich dessen bewusst sind. »Softkill« ist eine Vokabel aus dem Militärkontext und steht für Wege, ohne Waffen und Zerstörung Erfolg zu erringen – etwa durch psychologische Kriegsführung. Da Swift als global bekannte Künstlerin über vergleichbares Potenzial auf kreativem Gebiet verfügt, erzeugt sie auch Aufmerksamkeit im Resonanzraum der Politik.

Ein einziger Insta-Post von Swift reichte aus, und 35 000 junge US-Amerikaner:innen meldeten sich zu den Midterm-Wahlen im September 2022 an, weil sie plötzlich mit abstimmen wollten. »Ich habe viele von euch kürzlich auf meinen Konzerten gesehen und mitbekommen, wie ihr eure Stimmen hörbar macht. Nutzt sie auch in den Wahlen dieses Jahr!«, hatte Swift kurz zuvor ins digitale Taylorverse hineingerufen. Dem Wahlkampfteam der bei Jungwähler:innen notorisch abgemeldeten Republikaner trat der Schweiß auf die Stirn – und die Demokraten schnitten besser ab als erwartet.

Auch kurz vor dem Finale der Football-Saison 2024, dem Super Bowl, ging ein verunsichertes Raunen durch die Strategieabteilung der »Grand Old Party«. Würde sich die wichtigste Pop-Größe der Welt, Partnerin des im Finale spielenden Quarterbacks Travis Kelce, bei der Veranstaltung politisch äußern? In verschwörungstheoretischen Kreisen hält man Swift gar für eine ferngesteuerte Geheimwaffe der demokratischen Regierung unter Präsident Joe Biden. Schon allein diese Bedeutung wurde noch keinem anderen Popstar zugeschrieben. Auch gibt es bereits Stimmen, die Swift als kommende Präsidentin der Vereinigten Staaten von Amerika visionieren.

Man könnte Swift als eine Art wohlmeinende Populistin beschreiben, die sich strikter Demokratie verschrieben hat. Denn sie verteilt die Handlungsmacht. Es geht im Taylorverse um Partizipation, um ein integratives Gefühl, das Menschen verbindet und sie gleichzeitig in ihrer Einzigartigkeit anerkennt. Als erste Künstlerin hat Swift es geschafft, ein Arrangement zu installieren, das unentwegt Resonanz statt Dichotomie, Identität statt Zwiespalt und Gemeinschaft statt Einsamkeit produziert. In einer Zeit, in der Authentizität und echte Verbindungen immer seltener werden, beweist sie vorbildlich, dass man auch in der Glitzerwelt des Pop Bodenständigkeit und gesellschaftliche Relevanz bewahren kann.

AUTHENTIZITÄT UND NÄHE
Taylor Swift als Vorbild der Markenkommunikation

Ein Vorbild ist Swift auch für Marken und diejenigen, die Markenkommunikation betreiben. Um eine loyale Community für Produkte wie Autos oder Schokoriegel aufzubauen, muss man authentische Geschichten erzählen. Die Markenerzählung müsste auf die Anfänge, die ursprünglichen Ideen, die historischen Wandlungen des Produkts eingehen, auf seine Erfinder:innen, seine Zukunft, seine Nachhaltigkeit.

Swift punktet mit Nähe, indem sie ihre Fans in Instagram-Posts einbezieht und sie ermuntert, das Taylorverse mitzugestalten. Auch bei großen Consumer-Marken können nutzergenerierte Inhalte, personalisierte Designs und individuelle Features, etwa im Rahmen von Sondereditionen oder modularen Wahlmöglichkeiten, die Kundenbindung festigen. Das Gefühl, dass eine Marke sich um mich kümmert und meine Werte teilt, führt zu höherer Kundenzufriedenheit. Eine gut durchdachte digitale Strategie sorgt für eine konsistente Markensichtbarkeit und -interaktion und fördert so das Engagement und die Loyalität der Kunden.

Ein Händchen hat Swift auch für die Abstimmung digitaler Kommunikationskanäle. Ihre 238 Millionen Instagram-Follower wollen andere Inhalte sehen als diejenigen auf YouTube. Auf TikTok bringt Swift andere Formate und Inhalte als auf X. Ihre drei Katzen und private Momente wandern auf ihren Insta-Account, das Begrüßungsfoto im Buckingham Palace mit Prince William kommt über Twitter zu uns. Kaum eine andere Musikkünstlerin hat so genau und von Anfang an auf digitale Dialogmedien gesetzt.

Auch für jede Consumer-Marke ist eine starke strategische Präsenz in den sozialen Medien entscheidend. Dazu gehört die Erstellung plattformgerechter Inhalte: visuell ansprechende Instagram-Posts, eher strategisch ausgerichtete Twitter-Threads und edukative YouTube-Videos. Interaktive Inhalte wie Umfragen, Hangouts und Live-Fragestunden können Markenfans noch stärker einbinden und Partnerschaften mit Influencern die Markenbekanntheit erhöhen.

Apropos »influence« – nein, Taylor Swift hat sich beim Super Bowl 2024 nicht politisch geäußert. Und ja, seismische Beben sind bei ihren freundlichen Mega-Pow-Wows in den Stadien dieser Welt fast immer dabei. Bei Auftritten der Sängerin in den USA wurden seismische Aktivitäten der Stärke 2,3 auf der Swift- ... Verzeihung, Richterskala gemessen.

Learnings

Was du von Taylor Swift über Resonanz, Community und Verbundenheit lernen kannst:

1. **Resonanz und Resonanzgefühl herstellen**

   · Kenne den Markenkern, aber vernachlässige niemals den Markenkontext.

   · Verstehe Resonanz als ernst gemeinte Einladung, gemeinsam eine Welt zu erschaffen: Bringe deine Zielgruppe dazu, sich einzubringen, und mache es zu deiner Priorität, eine loyale Community aufzubauen.

   · Setze auf Mehrweg-Beziehungen statt Einweg-Kommunikation: Halte das Engagement hoch – bei Swift ist das Taylorverse ein Ergebnis dynamischer Coproduktion.

   · Schaffe lebensbejahende Kollektiverfahrungen, die positive Affekte wie Lebensmut, Solidarität und Wir-Gefühl triggern.

   · Setze auf Identifikationsmuster, die Resonanz erzeugen – sowohl mit deiner Person als auch mit deiner Marke.

2. Eine Community aufbauen und Gemeinschaftsgefühle erzeugen

- Entwickle dich in bestehende Communitys hinein.
- Erspüre die Affekte deiner Audience und binde sie ein. Identifiziere Affektmuster, die deiner Audience wichtig sind, und greife sie auf.
- Schaffe Mitmachmöglichkeiten.
- Pflege eine Fanbeziehung, die an deiner Welt mitbauen kann.
- Agiere im Einklang mit deiner Zielgruppe – schwing dich auf sie ein.
- Sprich die Sprache deines Publikums.

3. Verbundenheit und Nähe schaffen

- Bleibe stets in Verbindung mit deinen Fans.
- Setze auf Natürlichkeit, Nahbarkeit und Augenhöhe. Gib deinen Kunden das Gefühl, dass deine Marke sich wirklich um sie kümmert und ihre Werte teilt.
- Überrasche, indem du Nähe und Sympathie zeigst.
- Liebe deine Zielgruppe, bleib menschlich – und sei niemals zynisch.
- Schaffe gemeinsame Erlebnisse; der Moment zählt.
- Setze auf aktive Beteiligung und Involviertheit statt auf passive Mitgliedschaft.

Die Street Credibility von Luxusgütern
Louis Vuitton und die Subkultur

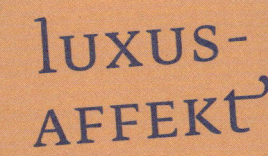

luxus-
AFFEKT

LUXUS BRAUCHT PASSENDE ERLEBNISRÄUME, um als solcher wahrgenommen zu werden. Auch Evergreen-Edelmarken müssen deshalb den Sprung in neue, oft weniger kontrollierbare Affektwelten mit Alltagsbezug schaffen. Die ersten Pioniere sind bereits am Werk.

So gute Laune hatte ich selten nach einem Kinobesuch. Ruben Östlunds Filmfarce über die spätkapitalistische Dekadenz ist eine wirklich wilde Fahrt durch die Oberflächlichkeiten unserer Gegenwart. Auf der Leinwand ist die übliche Staffage des modernen Reichenlebens zu besichtigen – sprudelnde Champagnerflaschen, Sonnendecks auf Superjachten, blitzende Rolex-Uhren, geschäftig anfliegende Hubschrauber und jede Menge Mahlzeiten aus der Drei-Sterne-Kombüse. *Triangle of Sadness* hat der Regisseur sein Werk genannt. Plastische Chirurg:innen wissen, wovon die Rede ist. In ihren Kreisen ist das ein salopper Begriff für die Sorgenfalte zwischen den Augenbrauen, die mit etwas Botox in Minuten verschwinden kann.

Aber wie viele Sorgenfalten haben Superreiche eigentlich, und wie erleben sie ihr Dasein im Überfluss? Wurde in dem Film nicht ein ziemlich abgestandenes affektives Arrangement gezeigt? Mir kamen Zweifel, ob heute noch jemand allein auf Eleganz, Erhabenheit oder Exklusivität aus ist – die Gefühlsattribute der von Östlund dargestellten Luxuskreuzfahrt. Wenn ich mit diesen Zweifeln richtigliege: Woran entzünden sich heutzutage Luxusgefühle, und wie müssen die Affektarrangements dafür aussehen? Müssen sich die großen Luxusmarken neu erfinden?

Warum sind Diamanten teurer als Wasser?

Ich frage Freunde, Bekannte und Kolleginnen nach ihren Vorstellungen von Luxus und bekomme die unterschiedlichsten Antworten. Oft werden die klischeehaften Objekte beschrieben, die auch in *Triangle of Sadness* vorkamen: Protzuhren, Schampus oder ein 9000-PS-Boot – Gegenstände, die für viele Menschen symbolische Referenzpunkte für Status sind, während andere sie als Dekadenzmarker ansehen. Für die einen ist Luxus erstrebenswert, für andere ein Ausdruck von Verschwendung – im Einklang mit der lateinischen Wurzel des Wortes: *luxuria* (»Übermaß«, »Überfluss«, »Übertreibung«). Persönliche Erfahrungen, Werte und soziale Herkünfte färben das Empfinden von Luxus ein. Mein Luxus ist also selten auch dein Luxus. Eine Fahrt im Uber-Tesla fühlt sich für einen Studenten mit geringem Einkommen luxuriös an, gehört jedoch zum Alltag einer gut verdienenden Managerin. Person A schwärmt von der »rituellen« Erfahrung im Sternerestaurant. Person B entgegnet, dass ihr größter Luxus natürlich etwas Unkäufliches sei: Zeit. Person C hat eine Jugend hinter sich, in der alles knapp war, und empfindet es als Luxus, sich bei Konsumentscheidungen keine großen Gedanken mehr machen zu müssen.

Klar wird also, dass für das Gefühl von Luxus das affektive Erleben entscheidend ist. Ich erinnere mich an den Satz des Philosophen Lambert Wiesing: »Eine Sache wird dadurch zum Luxus, dass sie von einer Person auf eine bestimmte Art und Weise erlebt wird.« Das wäre auch eine neue Teilantwort auf Adam Smiths berühmtes Wertparadoxon. Der Ökonom hatte sich gefragt, warum lebensnotwendiges Wasser einen so geringen Preis hat, während so nutzlose Dinge wie

Diamanten teuer sind. Das hat nach seiner Einschätzung mit dem Unterschied von Gebrauchs- und Tauschwert zu tun. Wasser hat einen hohen Gebrauchswert, aber nur einen geringen Tauschwert, bei Diamanten dagegen ist das Gegenteil der Fall. Anders ausgedrückt: Wasser trinke ich eben, weil ich ohne es letztlich sterben würde. In Diamanten blitzen dagegen Erlebnisse und Affekte auf, die auch ihren Wert haben – Erzählungen von Verlobungen, Status, Neidgefühlen der anderen. Demzufolge muss die Gestaltung von Räumen, die Produkte und Marken als Luxus erlebbar machen, an zeitgemäße Erzählungen anknüpfen, oder sie droht ihre Affektgriffigkeit zu verlieren.

KONTEXT UND RITUAL
Kein Luxus ohne affektive Beziehung

»Wenn keine affektive Beziehung besteht, zeigt das an, dass der Käufer einen Gegenstand nicht als Luxusprodukt ansieht«, formulieren die französischen Gesellschaftsforscher Jean-Noël Kapferer und Vincent Bastien eine für mich sehr überzeugende Entscheidungsregel. Luxus ist keine absolute und stabile Größe. Vielmehr entsteht er über eine emotionale Beziehung, die sich bei jedem Menschen anders ausprägen und auch über die Zeit immer neu justieren kann.

Es braucht bestimmte affektive Arrangements, Räume, in denen Luxusgefühle erklingen können: Kontexte und Rituale, soziale Interaktion und performative Darbietungen. Die Rolex braucht ihr Handgelenk und ihre Trägerin die aufmerksamen Blicke der anderen. Die sprudelnde Champagnerflasche braucht den Anlass – einen runden Geburtstag mit Freunden oder einen Augenblick romantischer Zweisamkeit. Es will aber wohl kein Luxusgefühl aufkommen, wenn ich den Champagner allein abends auf der Couch mit einer Packung Chips konsumiere. Luxusgefühle werden durch den Kontext, das Nebeneinander oder die Hierarchie von Alternativen aktiviert. Die Businessclass meldet sich beim Fluggast mit der Behauptung einer Premium-Überlegenheit gegenüber Economy. Als gemeinsamer Unterbau dienen beide wiederum dazu, die First Class als luxuriöses Nonplusultra ganz oben verlockend glänzen zu lassen.

dEEP DIVE

Luxus versus Premium

Premium ist nicht gleich Luxus! Doch wie sind diese beiden Kategorien zu unterscheiden? Premiummarken in der Automobilbranche bieten hohe Qualität und fortschrittliche Technologie, jedoch zu einem Preis, der für eine breitere Kundenschicht erschwinglich ist. Beispiele dafür wären Audi und BMW. Diese Marken setzen auf ausgezeichnete Verarbeitung, leistungsstarke Motoren und innovative Technologien. Sie sind aber nicht ganz so exklusiv wie Luxusmarken. Diese zeichnen sich neben fortschrittlichsten Technologien durch höchste Qualität, exklusive Materialien und eine hohe Individualisierbarkeit aus. Im Automobilbereich wären Rolls-Royce oder Bentley als Luxusmarken zu nennen. Gleichzeitig sind diese Marken oft in limitierter Auflage erhältlich im Sinne eines »Scarcity Marketing«-Ansatzes. Knappheit ist für Luxusmarken von größter Bedeutung, denn das Angebot darf im Luxussegment niemals größer sein als die Nachfrage. Als zwei extreme Pole stehen sich hier Exklusivität und Massenverfügbarkeit gegenüber.

DYNAMISCHES UMFELD
Von Evergreens zu Affekt-Avantgardisten

Herkömmliche Marketingmaßnahmen können auch im Luxussegment einen Impuls liefern, um Produkte oder Erlebnisse mit dem Si-
gnum des Luxuriösen zu adeln. Ich behaupte jedoch, dass Marken
darüber hinaus das Spiel mit affektiven Arrangements beherrschen
müssen, um Luxusgefühle voll ins Schwingen zu bringen. Die handeln-
den Personen dahinter müssen also Affekt-Expert:innen und Stra-
teg:innen sein, die für diese Marken ganz bestimmte Resonanzräume
aufbauen können – eine Kompetenz, die sich von ausgetretenen Pfa-
den wird lösen müssen.

     Zunächst gibt es da die Marken, die auf althergebrachte Luxus-
affekte setzen. Das Ergebnis ihres Konsums sind eher konservativ
gefärbte Gefühle von Wertbeständigkeit, Zeitlosigkeit, »Heritage«, tra-
ditioneller Exklusivität. Marken wie Chanel, Rolex, Burberry, Taittinger
sind im Kanon gängiger Luxuserwartungen fest verankert und versprechen, verlässlich Luxusgefühle auslösen zu können. Das Luxusgefühl lebt hier von der resonanten Beziehung der Luxusartikel zu ihren
Nutzern sowie von der Resonanz des wahrnehmenden Umfelds. Damit
der Besitzer eines so außerordentlich teuren Gegenstands dieses Gefühl auch spüren und genießen kann, ist es die Aufgabe der Markenführung, das gewünschte Erleben der Nutzer:innen bruchlos und präzise in kleinen Schritten zu justieren – ob also das Luxusgefühl zum
Beispiel im Genuss einer vornehmen Designreduktion oder eher in
nach außen sichtbarer Opulenz eines Artikels bestehen soll.

     Wir müssen allerdings begreifen, dass auch jahrzehntealte Dauer-
brenner der Luxuswelt sich nicht ewig sicher fühlen dürfen. Gerade

unter den modernen digitalen Kommunikationsbedingungen navigieren diese Marken in einem dynamischen und unberechenbarer werdenden Umfeld von Meinungen, Sichtweisen und Vorlieben. Auch die Evergreen-Luxusmarken sollten es daher als täglichen Auftrag verstehen, herkömmliche Luxusgefühle neu zu prägen und künftige möglichst vorwegzunehmen. Konkret gesprochen, sollten sie also öfter hinter dem snobistischen Schirm ihres »By Invitation Only« hervortreten und zu Affekt-Avantgardisten und mutigen Gestaltern neuartiger Luxusgefühle der Straße werden, die den Kontrast suchen.

IKEA UND MARCEL DUCHAMP
Die Wurzeln neu entfachter Luxusgefühle

Einige Marken haben das bereits begriffen. Ihr Aufbrechen bestehender Luxusvorstellungen scheint produktiv zu verlaufen, und neue Erlebnisformen durch provokative Kreativität scheinen auf Resonanz zu stoßen. Ein Beispiel ist die über einhundert Jahre alte Modemarke Balenciaga im Portfolio des französischen Luxuskonzerns Kering, wo auch Gucci und Yves Saint Laurent untergeschlüpft sind. Luxus, wie ihn das spanische Traditionshaus versteht, hat sich weit entfernt von den Vorstellungen herkömmlicher Opulenz oder Dekadenz. Die Spanier beziehen Inspiration für einen Teil ihrer Entwürfe vielmehr aus dem Alltäglichen und stellen es auf einen prestigeträchtigen Sockel. Zum Beispiel die inzwischen zu einem eigenen Fashion-Statement avancierte, 1,50 Euro günstige blaue Plastikgewebetasche FRAKTA, die man zum gedankenverlorenen Einsammeln kleiner Haushaltsutensilien beim Rundgang durch das Möbelhaus Ikea benutzt. Die Tasche haben Balenciaga-Marketer kürzlich in einer blauen Lederkopie für 2000 Euro ins Fenster gestellt.

Spontan denke ich dabei an das berühmte Urinal, das der französische Konzeptkünstler Marcel Duchamp 1917 handsigniert mit »R. Mutt« unter dem Titel *Fountain* (»Springbrunnen«) der Kunstwelt präsentierte. Balenciaga und Duchamps Kunstwerk teilen eine philosophische und ästhetische Verbindung, die tief in der Idee der Rebellion gegen konventionelle Definitionen von Kunst und Luxus verwurzelt ist. Balenciaga im Modedesign und Duchamp in der Kunst – beide brechen mit traditionellen Normen und heben das Banale in den Bereich des Erhabenen.

Alte und neue Affektmuster ergeben im Fall Balenciaga und Ikea also ein ultraneues Erlebnis – so als würde ganz neu ausgehandelt, was Luxusgefühle sind und wie ihr Erleben ausgelöst werden kann. Wie diese Aufladung interpretiert wird, ist immer auch eine Frage des resonanten Umfelds. Eine Automarke wie Daimler hat es zum Beispiel nur bedingt im Griff, von welcher Klientel seine edlen AMG-Modelleditionen gefahren werden. Die Steuerung von Luxusgefühlen muss deshalb permanent aktualisiert, dem Zeitgeist und der Anwendercommunity angepasst werden.

BLACK STREET FASHION WIRD ZUM LUXUS GEPRÄGT
Rapper und Architekten als Modedesigner

Performativer und damit direkter »auf die Straße« drängt inzwischen Louis Vuitton mit seiner Eroberung neuer Affekträume. Die Lederreisetaschen der zum Firmenkonglomerat LVMH gehörenden französischen Luxusmarke mit den markanten Initialen L und V kennt jeder. Doch wie soll ich in Worte fassen, was da im Juni 2023 auf dem Pont Neuf in Paris geschah? Es war aufregend! Aber auch dieses Wort beschreibt nur unzureichend, was da auf der berühmtesten Seine-Brücke der französischen

Hauptstadt zu besichtigen war. Der Rapper Pharrell Williams, neu er-
nannter Kreativchef für die Männermode des Labels, präsentierte seine
Debüt-Show für das Modehaus.

Man nehme einen Superstar aus der US-Musikszene, lasse ihn
eine Männerkollektion in pixeligem »Damouflage«-Look entwerfen,
der das markentypische Damier-Karo von 1888 radikal in die Gegenwart versetzt, und feiere damit eine bombastische Show auf der
bekanntesten Brücke von Paris. Als die Models, darunter viele People of
Color, beginnen, stolz von einer Seite zur anderen über die Brücke zu
schreiten, erklingt der Bass von Trommeln, ein klassisches Orchester
und Starpianist Lang Lang setzen ein. Später folgt ein Hip-Hop-Track,
und schließlich katapultiert ein Gospelchor das Ereignis mit Williams'
Song *Joy* in eine spirituelle Dimension. »Joy, joy, joy ...«, singen sie für
etwa 20 Minuten und treffen mit diesen Lyrics natürlich genau den
Affekt, der hier getriggert werden soll.

Mit der neuen Kollektion und diesem Kontext bewiesen Pharrell
Williams und Louis Vuitton, dass man aus dem sonst eher strengen
Format Modenschau eine echte Party machen kann, wo die positiven
Affekte ins Schwingen kommen. In der ersten Reihe saßen Stars wie
Kim Kardashian und weitere US-amerikanische Musikgrößen wie
Rihanna und Beyoncé, deren Partner Jay-Z am Ende noch eine kleine
Gesangseinlage gab. Im Hintergrund leuchtete, erwartbar und bestän-
dig, der Eiffelturm, das erhabene Wahrzeichen der Stadt der Mode,
angestrahlt im Nachthimmel. Solche Kontraste sind entscheidend für
die Intensität des Fühlens und Erlebens. Einerseits wollen wir das
Bekannte, wir wollen die Louis-Vuitton-Tasche erkennen. Andererseits
müssen wir die Affekte, die sie auslösen kann, aktualisieren, um darüber zeitgemäße Resonanz zu erreichen.

LVMH & Louis Vuitton

LVMH ist das weltweit größte Luxusgüterkonglomerat. Im Jahr 1987 in Frankreich gegründet, entstand es durch die Fusion von Louis Vuitton und Moët Hennessy. Heute vereint LVMH eine Vielzahl der prestige-trächtigsten Marken unter einem Dach. Dazu gehören neben Louis Vuitton auch Dior, Fendi, Givenchy, Bulgari und viele mehr. Als CEO fungiert Bernard Arnault, der durch strategische Akquisitionen und Innovationen LVMH stetig voranbringt. Kultiviert wird hier eine Idee von Luxus, die durch exklusive Handwerkskunst, zeitlose Eleganz und innovative Kreativität definiert ist. Arnaults Vision modernisiert unser Verständnis von Luxus, indem sie Tradition mit modernen Trends und Technologien verbindet. Kunden sollen Luxus als ein Erlebnis höchster Qualität und Raffinesse wahrnehmen, das sowohl historische Werte als auch zeitgenössische Ästhetik widerspiegelt. Mit einem Portfolio, das Mode, Uhren, Schmuck, Parfüm und Weine umfasst, setzt LVMH welt-weite Standards für Luxus und Exklusivität.

Den beherzten Schritt aus der Gefühlssklerose seiner althergebrachten Travel-Wear-Standards war das über 160 Jahre alte Modehaus Louis Vuitton aber schon vorher gegangen. Bereits Pharrell Williams' Vorgän-ger, der mit 41 Jahren verstorbene Designer Virgil Abloh, ein gelernter Architekt, war schwarz. Seine Berufung zum wichtigsten Gestalter der Männerkollektionen des Hauses war eine Rebellion gegen das, was bis dahin galt: Luxusmode wird von weißen Entwerfern für weiße Genie-ßer der damit produzierten hautcodierten Luxusgefühle gemacht.

Abloh lieferte bei Louis Vuitton Streetwear, Mode für die Straße, die zwar Luxus ist, aber urbane Trends und junge Impulse aufgreift – etwa Graffitimuster, Hoodie-Schnitte, Jogginghosen, Gangster-Style-Akzente, wie sie auch die Hip-Hop- oder Rapszene nutzen, um sich visuell zu definieren.

DEEP DIVE

Virgil Abloh

Virgil Abloh (1980–2021) war ein visionärer Designer und kreativer Kopf, der das Luxussegment revolutionierte. Abloh, der ursprünglich Architektur studiert hatte, brachte sein tiefes Verständnis für Struktur und Design in die Modewelt ein. Im Jahr 2002 trat Abloh unter der Führung des berühmten Rappers Kanye West in die Modewelt ein. Als Gründer des Streetwear-Labels Off-White und ab 2018 als erster afroamerikanischer Kreativdirektor bei Louis Vuitton setzte er neue Maßstäbe. Sein Ansatz, Luxus mit Streetwear zu verschmelzen, war bahnbrechend. Abloh nutzte ironische Zitate, auffällige Typografie und unerwartete Materialkombinationen, um die Grenzen zwischen Haute Couture und Straßenmode aufzuheben. Dieser innovative Gestaltungsansatz machte seine Werke unverwechselbar und begehrenswert. Ablohs bedeutendste Kollaborationen umfassten Partnerschaften mit Nike, Ikea, Evian und Mercedes-Benz, die seine Fähigkeit unterstrichen, kreative Designs in unterschiedlichste Bereiche zu integrieren. Insbesondere die Zusammenarbeit mit Mercedes-Benz führte zur Entwicklung des Project-Geländewagens, ein Concept Car, das den ikonischen G-Klasse-SUV in eine minimalistische und futuristische Vision verwandelte, sowie des Maybach by Virgil Abloh, ein luxuriöses und exklusives Modell, das die Eleganz von Maybach mit Ablohs avantgardistischem Stil vereinte. Sein unverkennbarer Stil, geprägt durch kreative Neugier und kulturelle Sensibilität, hat ihn zu einer Ikone des modernen Luxus gemacht.

Einige Beobachter:innen der Modeszene urteilten, dass sich durch die zwei Chefdesigner of color aus modefremden gestalterischen Fachgebieten eigentlich an den Erlebniswerten der Marke Louis Vuitton nichts geändert habe. Man habe damit lediglich kreativ in anderen gesellschaftlichen Gefilden gefischt, Dinge von dort übernommen und damit einem weiterhin vorwiegend weißen Luxuspublikum etwas voyeuristischen Nervenkitzel mit einer besonderen Haute-Couture-Version verschafft. Ist das nicht tatsächlich »Radical Chic« – so wie in Tom Wolfes berühmtem gleichnamigen Essay darüber, wie der Dirigent Leonard Bernstein die führenden Köpfe der Black-Panther-Bewegung zu sich auf eine Party in sein New Yorker Loft einlud?

Ich will in dieser Debatte nicht das letzte Wort haben. Immerhin ist, was Louis Vuitton gemacht hat, ein wichtiger Modernisierungsschritt für ein so altes Unternehmen. Neue Resonanzräume sind hier tatsächlich entstanden, und in ihnen können neue Affekte wirken.

REBELLION IN DER VORSTADT
Resonanzraum der Moderebellion auf dem Pont Neuf

Die Marke Louis Vuitton muss sich indes klar sein, dass in ihrem Resonanzraum in einer modernen Informationswelt auch Ungeplantes erklingen kann. Nur zwei Wochen nachdem Pharrell Williams mit seinem Brücken-Event die affektive Transformation eines Luxus-Traditionslabels fortgeschrieben hat, brechen in den Banlieues, den wirtschaftlich und sozial abgehängten Pariser Vorstädten, massive Unruhen aus. Junge Menschen, viele davon mit nordafrikanischem Migrationshintergrund, liefern sich erbitterte Kämpfe mit der französischen Polizei, nachdem ein 17-jähriger Franzose algerischer Abstammung bei einer Verkehrskontrolle im Vorort Nanterre getötet wurde. Dass beides in einem gemeinsamen Resonanzraum erklingt, lässt sich nicht vermeiden – die Moderebellion auf dem Pont Neuf trifft auf soziale Rebellion in der Vorstadt.

Erlebnisräume für Luxusmarken lassen sich nicht luftdicht und hermetisch gestalten. Gesellschaftliche Prozesse spielen immer eine gewisse Rolle im jeweils aktuellen »Vibe«, den die Nutzung einer Marke erzeugt. Die affektive Aufladung von Luxusmarken geht nicht ohne zeitgeistige Anpassung – auch indem sie bekannte Affekte nutzt und ihnen widerspricht: Balenciaga vs. Ikea, Banlieues vs. Pont Neuf. Das muss man wissen, es sollte einen aber nicht davon abhalten, alte Marken in neues und erlebnisintensives Fahrwasser zu steuern.

Learnings

Was du von Luxusmarken über die Entwicklung moderner Erlebniswelten, die Produktion von Gegenwärtigkeit und Weltenvergrößerung durch Pairing lernen kannst:

1. Erlebniswelten aktiv modernisieren

- Identifiziere die traditionellen Affektmuster, in die deine Marke eingebettet ist: Luxusaffekte haben eine Tradition, die es zu ergründen gilt.

- Mobilisiere aktiv neue Affektmuster, statt deine Marke nur in bekannten Erlebniswelten festzuhalten. Brich mit traditionellen Normen, um neue Affekte auszulösen.

- Überprüfe, ob und wo sich bereits neue Affekt-Konstellationen in deiner Markenwelt finden lassen. Notiere Beispiele dafür.

- Neue Affektmuster entstehen in einem Kontext; beschreibe und beherrsche diesen Kontext. Kenne die Regeln und Strukturen.

- Erzeuge bewusst Musterbrüche, um neue Affektmuster zu schaffen.

- Unterscheide zwischen langfristigem Luxusgefühl und impulsartigen Affekten, die du gezielt triggern kannst.

2. Gegenwärtigkeit erzeugen, indem du mit der Zeit gehst

- Verstehe den »Vibe«, den die Nutzung deiner Marke erzeugt. Ignoriere die Veränderungen im kulturellen und gesellschaftlichen Kontext nicht.
- Die Gestaltung von Räumen, in denen Produkte und Marken – wie Luxus – erlebbar werden, muss mit der Zeit gehen, sonst schwächt sie ihre Affektwirkung.
- Bleibe gesellschaftsinformiert und neugierig darauf, wie Menschen den affektiven Kontext deiner Marke deuten.
- Sei offen für externe Einflüsse: Erlebnisräume – gerade für Luxusmarken – dürfen nicht hermetisch abgeriegelt werden.
- Erzeuge affektive Aufladung durch gezielte Intensivierungen und ermögliche es deinem Publikum, diese neuen Affekte tatsächlich zu erleben.

3. Erlebniswelten durch »Pairing« vergrößern

- Betrachte Pairing, also die Verbindung zweier Erlebniswelten, als Strategie, um neue Affektmuster zu erzeugen, Erlebniswelten zu erweitern und neue Zielgruppen anzusprechen.
- Modernisiere die Gefühlswelt deiner Marke durch innovatives Pairing und denke über bloße Brand-Kollaborationen hinaus.
- Verbinde Welten, die vorher konträr waren, um neue Affektmuster zu erzeugen – zum Beispiel die Verbindung von Luxus und Streetwear.
- Nutze Pairing nicht nur langfristig, sondern auch gezielt für affektive Impulse.
- Erinnere crossmedial an Erlebnisse, um sie nachhaltig zu verankern.

cases

Ekstase durch Unterwerfung

Das Berghain als affektives Arrangement

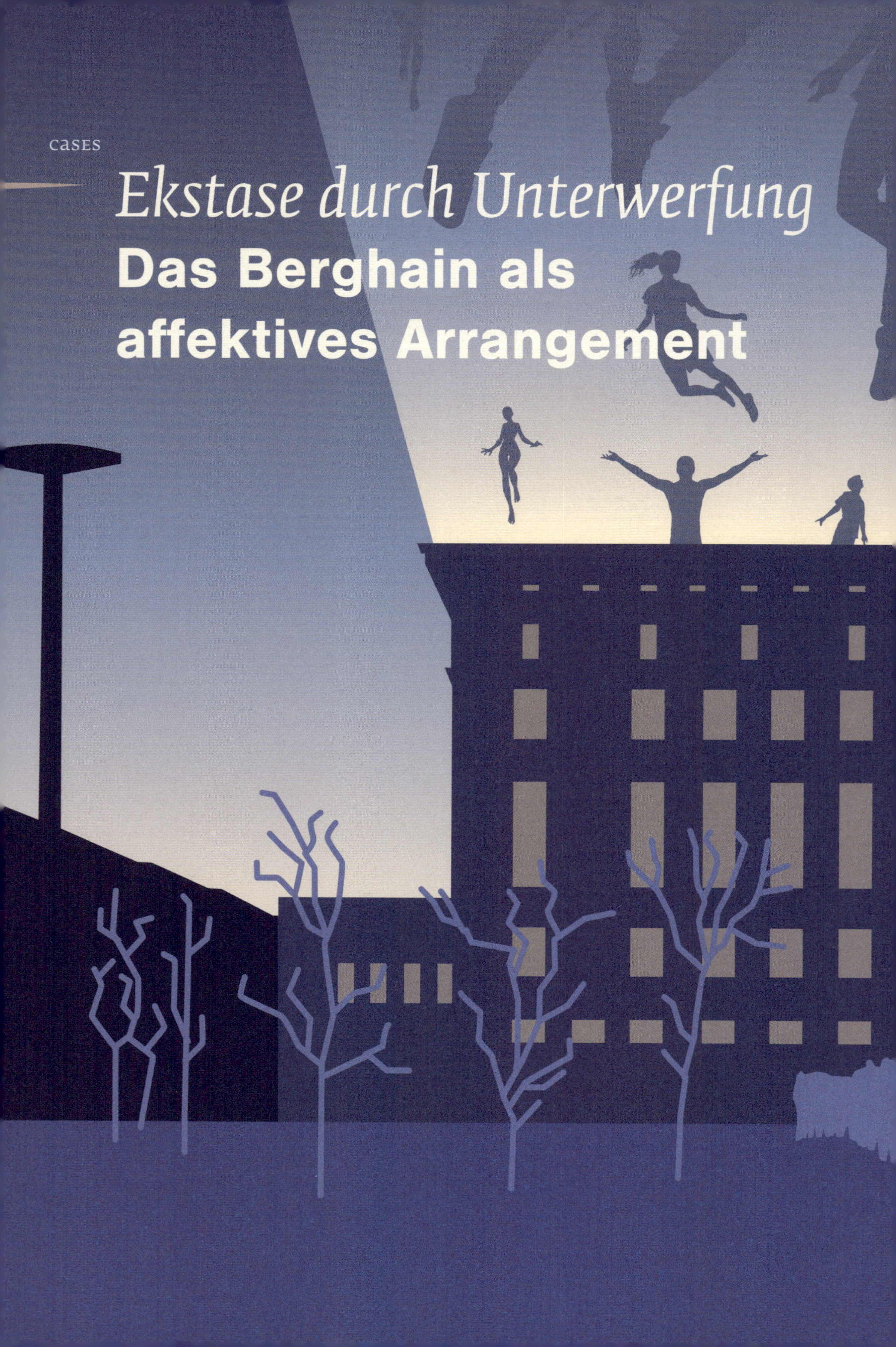

DER LEGENDÄRE BERLINER CLUB BERGHAIN ZEIGT, wie man bestimmte Marken führen sollte. Entscheidend ist das kurz getaktete Auslösen von Erlebnisaffekten rund um die Aspekte Mythos und Exklusivität, Unterordnung und Ritual.

Am Wriezener Bahnhof, 10243 Berlin: Die Adresse im Bezirk Friedrichshain-Kreuzberg liest sich etwas banal im Vergleich zum gewaltigen Mythos des Ortes. Doch der Technoclub in dem ehemaligen Heizkraftwerk aus den 1950er-Jahren, dessen Gebäude von außen wie ein monströser Tresor wirkt, setzt ganz bewusst auf den Kontrast zwischen dem abweisend schlichten Äußeren und dem geheimnisvollen Innenleben. Das Berghain ist Sehnsuchtsort der Liebhaber:innen elektronischer Musik. Und gleichzeitig ist es die Projektionsfläche für Imaginationen einer globalen Medienöffentlichkeit und braver Tourist:innen – von ekstatischem Tanz, Sex, Drogen und Exzess.

Die Musikanlagen des Clubs und seine DJs sind die Angesagtesten der Angesagten. Im Berghain aufzulegen ist ein Ritterschlag. Erst recht ist es einer, als Raver an der härtesten Tür der Clubszene vorbeizukommen. Innen dann lediglich zwei karge Tanzflächen und einige Darkrooms; im Sommer ist draußen der Garten geöffnet.

Allgegenwärtig ist die Sorge, dass der düstere Palast und seine eingeschworene Clubgesellschaft aus Versehen in den Kanon gut situierter Hochkultur aufsteigen könnten – was den Mythos Berghain für immer zerstören würde. Wie wird diese empfindliche Balance, diese Mischung aus exklusiver Vergnügungskatakombe, elitärer Geheimloge und medialer Weltmarke aufrechterhalten?

Meine These: Das Berghain wird als synästhetische Komposition über eine Reihe von Impulsen – emotionale, visuelle, auditive – aktiv kuratiert. Weit mehr als nur ein Ort zum Tanzen, schafft der Club ein Gesamterlebnis, das auf verschiedenen Ebenen und Kanälen die Sinne aktiviert und durch die sorgfältige Kombination von Architektur, Musik und Gemeinschaft eine einzigartige Resonanz erzeugt. Die »Customer Journey« im Berghain folgt dabei einer überlegten Abfolge von Berührungspunkten. Aus dieser Dramaturgie kann man Regeln für die Gestaltung ähnlicher Prozesse in anderen Zusammenhängen ableiten.

MYTHOS EINTRITT
Das Berghain ist heute nur für dich bestimmt

Eine App hilft in der berühmtesten Warteschlange der Clubkultur: »Is there a Line at Berghain« zeigt auf dem Handy an, wie weit es noch zum Einlass ist. Dort gilt es dann, an einem Türsteher vorbeizukommen, dessen legendäre Unberechenbarkeit einen wesentlichen Teil des Mythos Berghain ausmacht. Sven Marquardt ist Ostberliner Urgestein, Fotograf und als Berghain-Bouncer eine Art Wiedergänger aus Kafkas Erzählung *Vor dem Gesetz*. Einen Schlüssel oder Zugang zum Gesetz gibt es zwar. Niemand weiß aber, welcher es ist.

Marquardt soll schon aus 30 Meter Entfernung die Angst der Wartenden riechen können, dass sie womöglich die Kriterien nicht erfüllen – und dann, wie so manche Touristengruppe, wortlos mit einer Handbewegung von ihm weggewedelt werden. Man hört, es würde helfen, sich komplett in Schwarz zu kleiden, aber eine Garantie ist das nicht. Bin ich schwarz genug angezogen? Sehe ich gut genug aus? Gucke ich zu lässig oder etwa nicht cool genug? »Heute nicht!« Diesen Satz möchte niemand hören.

Marquardt macht keine Ausnahme, heißt es. Auch Elon Musk wollte den Techno-Tempel mal von innen sehen – und schrieb spätnachts in einem Tweet: »They wrote Peace on the wall at Berghain! I refused enter.« Eine Interpretation ist, dass der Tesla-Chef an der harten Tür des Clubs scheiterte. Twitter-User Mikey da Roza zog ihn jedenfalls auf: »Is this your way of telling us you got denied at Berghain?«

Die Zugangskriterien bleiben mysteriös und machen den Einlass zur unwägbaren Lotterie. Gerade das löst bei den Glücklichen, die nach fast unmerklichem Nicken des Türstehers schließlich die magische Pforte durchschreiten dürfen, einen mächtigen affektiven Impuls aus. Denn das Haus scheint plötzlich zu sagen: »Das Berghain ist heute nur für dich bestimmt.«

Nach dem Nervenkrieg am Einlass, dem überstandenen Unterwerfungsritual, schlägt die Angst vor der Erniedrigung in ein Hochgefühl der Auserwähltheit um: »Heute ist meine Nacht!« Glücksgefühle stellen sich ein – und auch Dankbarkeit dafür, Teil des Mythos geworden zu sein und Einblick in die Blackbox Berghain zu erhalten. Doch die Choreografen, die hier irgendwo im Hinterzimmer die Regler eines raffinierten Affekt-Arrangements ziehen müssen, bleiben unsichtbar.

WORK HARD, PLAY HARD
Das Berghain als affektives Arrangement

In der Vorhalle liegt Spannung in der Luft, dumpfe Bässe pulsieren. »No pics!«, heißt es nun. Mit Stickern werden die Handykameras abgeklebt. Was im Berghain passiert, bleibt im Berghain. Das Fotoverbot folgt dem für den Club typischen Code von Hermetik und Verschlossenheit, der Entzauberung verhindert, die Verzauberung des Gastes dagegen erst erlaubt und das Gefühl der Exklusivität intensiviert. Das Innere soll als vor äußeren Aneignungen geschützter Safe Space funktionieren. Gleichzeitig speist der Bilderbann die Projektionen der Draußengebliebenen, die Visionen von Orgien und Ekstase – und spinnt so den Mythos eine Drehung weiter.

Durch ein 18 Meter hohes Stahlgerüst geht es aufwärts. Stufe um Stufe wird das Wummern mächtiger. Oben angekommen: der Club. In der Mitte die nur 10 x 10 Meter große Tanzfläche, umstellt vom legendären Soundsystem des Berghain, dessen schwarze Trichter mit der düsteren Architektur verwachsen zu sein scheinen. Der mächtige elektronische Minimalismus des Sounds – die Schnellfeuerbässe, die industriellen Dissonanzen – überrollt jegliche bourgeois-tonale Musikästhetik. Weiter oben, in der Panorama Bar, werden die Soundscapes sanfter.

Wie schwarze Löcher absorbieren die Tanzflächen das Licht. Wie im Zeitraffer erscheinen die Menschen im Stroboskoplicht rhythmisch-arrhythmisch ins Dunkel zu verschwinden und in Slow Motion wieder aufzutauchen – alles erscheint radikal beschleunigt und gleichzeitig unendlich verlangsamt.

All diese Emotionen und Eindrücke werden mit Absicht praktisch ohne Zeitlimit aktiviert. Man meint, das Berghain mache Freitagabend auf und schließe dann nie wieder. Die gewohnte chronometrische Zeit scheint aus den Fugen zu geraten, sobald man den Club betritt. Plötzlich gibt es kein Jetzt, Vorher oder Nachher, sondern der tanzende Körper faltet sich in eine merkwürdige Eigenzeitlichkeit ein.

Diese merkwürdige Berghain Mean Time, die rohe Industriearchitektur, die unmittelbare Resonanz des synästhetischen Sperrfeuers beim Publikum, vom martialischen Sound bis zu den Lichteindrücken – all das macht den Techno-Tempel zu einer Affektmaschine.

Und doch programmiert das Berghain keine vordefinierten affektiven Zustände, sondern es eröffnet einen Raum von Möglichkeiten zwischen radikaler Distinktion und Auflösung in der Masse: Man tanzt zusammen, aber doch allein und mit Abstand. Auf der Tanzfläche sind ein Flow und ein gewisser Gleichklang der Körper miteinander zu spüren, aber es ist eine Mischung aus geteilter Ekstase und individueller Fitnessperformance. Der typische Berghain-Tanzstil ist roboterhaft, »stompy«. Sich diesem Raum zu unterwerfen, dazu muss man bereit sein und sich anstrengen. Teil des Mythos Berghain zu werden, das gibt es nicht umsonst und draußen.

Das typische Berghain-Erlebnis erfordert die Regelung der individuellen affektiven Betriebstemperatur auf einer Skala von leichter Unterkühlung bis zu ekstatischer Erwärmung. Mit dem für viele Berghainfans einfach dazugehörenden Sektfrühstück wird zum Beispiel bereits vorgeglüht für den Tempelbesuch. Wenn man dann beim Eintritt in den Club erfolgreich sein möchte, empfiehlt es sich, den Affektregler auf eine angemessene Position zwischen Coolness und Ironie zu schieben. Berghain-Raver schwingen also in einer Amplitude zwischen Hitze und Eis, Ratio und Ekstase, Affekt und Kontrolle.

EXZESS UND SAKRALITÄT
Warum wir vom Berghain als Tempel reden

Eine Nacht im legendären Berghain ist für seine Fans kein x-beliebiger Discobesuch, sondern steht gewissermaßen am Ende eines Pilgerwegs. Viele Aspekte im affektiven Arrangement des weltberühmten Clubs bemühen sich um formale und inhaltliche Parallelen zum Bereich von

Kult, Religion und Spiritualität. Das spiegelt sich nicht zuletzt in sprachlichen Bildern wie »Kirche des Techno« oder »Techno-Tempel«, das ich auch verwendet habe. Zu den Parallelen gehören starke Narrative, Rituale, Versprechen von Auserwähltheit, Erlösung und Gemeinschaft – mit den zugehörigen Mechanismen von Exklusion und Inklusion – sowie nicht zuletzt der Exzess.

Sakralität und Exzess miteinander in Verbindung zu bringen mag zunächst vielleicht abwegig erscheinen. Gläubige vieler Religionen werden ja gerade dazu angehalten, sich vor sinnlichen Ausschweifungen zu hüten und moralische Regeln zu befolgen. Einige Religionen beinhalten sogar rituelle Praktiken, um sich von Exzessen oder sündhaftem Verhalten zu reinigen. Sieht man näher hin, wird aber klar, dass sakrale Praxis mit Exzess, Rausch, Lust und Begehren womöglich doch etwas zu tun hat.

deep dive

Georges Bataille und der Exzess

Der französische Schriftsteller und Philosoph Georges Bataille (1897–1962) versteht Exzess als eine Überschreitung und einen Bruch mit gesellschaftlichen Normen. In seiner wirtschaftlichen Theorie beschreibt er den Exzess als Verschwendung und Konsum, der über das Notwendige hinausgeht. Der Begriff der Transgression, das bewusste Überschreiten von Verboten und Tabus, ist zentral für Bataille, da es intensivere Erfahrungen und tiefere Erkenntnisse ermöglicht.

Für den Philosophen Georges Bataille sind Exzess und Transgression Schlüsselkomponenten spiritueller Erfahrung. Seine These: Bestimmte religiöse Rituale und mystische Erfahrungen müssen wohl notwendigerweise mit Exzess und Tabubruch einhergehen, um eine tiefere Ebene der Existenz zu erreichen. Dabei spielt das Konzept der Hingabe eine wichtige Rolle. Das sakrale Opfer, wie es in verschiedenen religiösen Traditionen eine Rolle spielt – ob nur symbolisch oder tatsächlich vollzogen –, ist nach Bataille eine Form des Exzesses und gleichzeitig ein Mittel zur Überwindung der individuellen Begrenzungen und zur Annäherung an Gott.

Der Exzess im Berghain strebt ähnlich nach einer transzendenten Erfahrung, die nur durch einen gewissen Grad der Unterwerfung und das »Erleiden« des affektiven Arrangements Technoclub erreicht werden kann. Leiden und Hingabe sind offenbar auch die Bedingungen für die Erlösung im Nachtleben.

Im kuratierten, mit emotionalen Leitplanken versehenen Erlebnisraum des Berghain können Austoben, Begehren, Lust, Liebe, Glück, Erschöpfung und Grenzerfahrungen bis zur Ekstase stattfinden. In der Kommunikation auf seiner Website erinnert der Club auch an den Weg zurück: »Vergesst nicht, nach Hause zu gehen.«

Learnings

Was du vom Berghain über die Dramaturgie des Erlebens, Rituale und Intensivierung lernen kannst:

1. Dramaturgie identifizieren

- Das Berghain ist ein Erlebnis mit spezifischer Dramaturgie: von der Warteschlange über den Türsteher bis zur Tanzfläche, wo die Körper der Tanzenden von der Musik affiziert werden. Beschreibe bei deinem Beispiel das Markenerlebnis von Anfang bis Ende: Was passiert – wann? Was sind die entscheidenden Momente?

- Lasse die Einzelerlebnisse nicht ungestaltet: Kuratiere sie bewusst. Welche Affekte könnten hier durch welche Mittel verstärkt oder minimiert werden?

- Runde die Stationen des Erlebens mit vielen guten Details ab.

- Sei kreativ und eigenständig – es gibt kein Schema F.

2. Rituale beschreiben oder neue entwickeln

- Im Berghain gibt es viele Rituale, die das Erlebnis prägen. Auch in anderen Markenkontexten sind Rituale wesentlich – denke zum Beispiel an das »Unboxing« von Apple-Produkten. Welche Rituale gibt es bei deiner Marke? Überlege, welche neuen Rituale sich entwickeln ließen.

- Viele Rituale sind in synästhetische Erlebnisse eingebettet. Welche Sinne spricht dein Markenerlebnis an?

3. Affekt-Intensivierung verstehen und anwenden

- Identifiziere die wichtigen Momente in deinem Markenerlebnis und überlege, welche du intensivieren möchtest.

- Organisiere die Momente und überlege dir, welche Affekte hier jeweils verstärkt werden können.

- Regeln und Regelkenntnis wirken beim Berghain identitätsstiftend. Überlege, welche Muster in deinem Markenerlebnis die Identität prägen.

- Gamification kann eine Strategie der Affekt-Intensivierung sein: Wie man im Berghain an der Tür vorbeikommt, darüber gibt es viele Geschichten und Mythen, die das »Drinnen« positiv aufladen. Wo kannst du spielerische Aspekte in das Markenerlebnis einbauen?

Reibungslos durch die Nacht
Tesla fahren und die Zukunft erleben

flow-
AFFEKt

DIE MODELLE DER AUTOMARKE TESLA werden in wohldurchdachten Entscheidungen über Designdetails, Funktionalitäten und Erlebniswerte als fein orchestriertes affektives Arrangement entwickelt. Nahtlos und geräuschlos funktionierend, sorgen die digitalen Fahrzeuge dafür, dass immersive Interaktion zu einem Resonanzerlebnis der Zukunft für die Fahrenden wird.

Franz Schuberts *Wanderer-Fantasie* in der kleinen Elbphilharmonie. Dann ein Getränk und ein gutes Gespräch über die ansatzlos verwobenen Sätze dieses heiteren Klavierstücks. Nun stehe ich auf dem zugigen U-Bahnsteig der Haltestelle Baumwall. Die Uhr zeigt 0.45 Uhr, und zwei rote Schlusslichter sind gerade in der Nacht verschwunden. Oder doch lieber die Vorteile der »sharing economy« nutzen?

Ich starte die Mietwagen-App MILES auf meinem Handy. Die haben neuerdings sogar Teslas in der Flotte, denke ich. Sehe ich einen, glaube ich jedes Mal, auf einen Außerirdischen zu treffen, der sich in ein autoähnliches Gebilde verwandelt hat, um mit uns Menschen über eine ganz andere Zukunft des Fahrens zu reden. Das Design will schon von weitem signalisieren, dass wir es hier mit einem fugenlosen »digital device« für lückenlose Alltagsmobilität zu tun haben, nicht mit einem klassischen Automobil. Dieser Wagen will ein angenehm intelligenter Unterstützer in einem Leben sein, das durch digitale Technologie immer bruchloser fließt und auch das Erlebnis »Fahren« hürdenfrei und ohne Reibungspunkte anbietet. Das dürfte der Kern des Affekts sein, der auslgeöst werden soll. Mal sehen, ob ich das auch noch sage, wenn ich die MILES-App wieder schließe!

Auch das silbergraue Model 3, zu dem mich die App nun führt, ermuntert mich, die angebotene Niederschwelligkeit doch zu nutzen:

einsteigen, losfahren, ankommen, aussteigen, fertig. Ich bediene einen perfekt ausbalancierten Griff, vernehme ein beruhigendes Türschließ-geräusch und befinde mich in einem angenehm nach neuem Leder duftenden Raum, der Reibungs- und Mühelosigkeit bereithält wie keine andere Mobilitätslösung.

HÜRDENFREIES MOBILITÄTSERLEBNIS
Autofahren mit radikal reduziertem Mensch-Maschine-Kontakt

Los geht es mit dem ungewohnt starken Drehmoment dieser E-Fahr-zeuge in die laue Hamburger Juninacht. Nur etwa 20 Teile bewegt so ein Antriebsstrang unter mir, denke ich beim Ausparken, gegenüber 200 bei einem Benziner, wie ich neulich gelesen habe. Nun fahre ich lautlos durch die dunkle Stadt – scheinbar abgekapselt von den äuße-ren Einflüssen und Gefahren des urbanen Lebens. Eine präzise Navi-Stimme führt mich. Ich lasse das Radio ausgeschaltet und will mich komplett auf technische Eindrücke und alle sinnlichen Impulse dieses Fahrzeugs einlassen.

So ähnlich muss sich der Umstieg von den fauchenden Dampf-loks auf strombetriebenen Eisenbahnverkehr ab der Zeit um 1900 angefühlt haben. Denn auch beim Auto der Zukunft wird gelten: Die schon jetzt irgendwie überholt wirkenden Mühen der Verbrennerwa-gen – Kompression, Zündung, Explosion, das Drehen von Wellen, das Schnappen von Ventilen – sind durch Elektroantriebe für Straßenfahr-zeuge mit einem Schlag elegant überwunden worden. Warum komplex und technologisch umständlich, wenn es mit ein paar fließenden Elek-tronen und einzelnen Softwaresteuerungen für die richtige Federung bis zur passenden Sitzeinstellung auch einfach geht?

115

Diesen automobilen Quantensprung spricht für mich vor allem das Interieur des Model 3 aus, in dem ich fahre. Als jemand, der in der Benziner-Ära groß wurde, mit einem »Uhrenladen« am Armaturenbrett, habe ich plötzlich das Gefühl, ich befände mich in einem Fahrzeugrohbau, für den ich die Ausstattungsdetails erst noch bestellen müsste. Fast alles ist hier verschwunden, was früher den Dialog zwischen Mensch und Maschine ermöglichte. Es gibt keine Stellrädchen und Schalter mehr, keine Schalt- und Lenkradhebel. Selbst die Belüftungsschlitze sind unsichtbar.

Und es fehlt auch der Tourenmesser, der jahrzehntelang für die Fahrenden, die es wollten, eine affektive Beziehung zum Fahrzeug herstellte. Der hochschnellende und mit dem Schalten gleich wieder runterfallende Drehzahlzeiger gab dem Aufheulen und Brummen des Benzinmotors so etwas wie ein menschliches Antlitz. Mal reglos, mal schmerzverzerrt, mal ekstatisch jubelnd gab dieses Gesicht zu jedem Zeitpunkt Auskunft, wie sich die Grenzbereiche des Triebwerks noch besser ausnutzen lassen. Den Motor auch mal mit einer Spur Sadismus »auszufahren« – das gehört in der Ära der Elektromobilität der Vergangenheit an. Es schickt sich einfach nicht, denn im initialen Abzug hängt ein E-Fahrzeug aus dem Stand ohnehin alle Benziner ab.

Tesla hat als einer der ersten Hersteller einen 15-Zoll-Touchscreen zum Leitstand eines Automobils gemacht. Er hat für mich die Rolle des einstigen Tourenmesser-Gesichts übernommen. Ansonsten gibt es in der Fahrgastzelle nichts mehr, was den Blick durch die weite Windschutzscheibe ablenken würde. Dieses digitale Fenster gibt alle benötigten Einblicke in das komplexe Innenleben eines Tesla. Es ist eine von lediglich zwei verbliebenen Schnittstellen, um mit dem »mobility device« zu interagieren. Hier drinnen in der Fahrgastzelle soll sowieso irgendwann einmal der Autopilot komplett die Steuerung von mir übernehmen. Da blickt die radikal reduzierte Interaktionsfläche bereits in Richtung Zukunft.

Immerhin: Ein Lenkrad gibt es bei Tesla noch. Diese Technologie wird schon seit 1890 in Fahrzeugen verbaut. Doch hat das moderne Lenkrad immer weniger mit der Impulsvermittlung zwischen Hirn, Händen und Rädern auf der Straße zu tun. Im Tesla erscheint es mit seinen wenigen Touch-Bedienelementen eher wie ein Verwandter des Joysticks oder einer Spielekonsole.

ASSISTIERTES FAHREN

Der Genuss mitdenkender Regie

Beam me up, Scottie! Dieses Auto gleitet mit stufenloser und fast riskant griffiger Beschleunigung geräuschlos über Hamburgs Straßen – als ob die Räder nur ab und zu den Boden berühren würden. Scheinbar keine Kraft ist nötig, um auf hohe Geschwindigkeit zu kommen. »Kraft«-fahren war gestern. Der Flow-Affekt hat übernommen – ihm gehört die Zukunft im Auto.

Man fühlt sich an eine Raumkapsel aus einem Science-Fiction-Film erinnert, die in ihrem eigenen inneren Gleichgewicht frei und losgelöst durch die Welt rauscht, nur gesteuert von einer rechteckigen, glatten Lichtarmatur. Gelten hier noch die Gesetze der Physik?

Es passiert fast alles an diesem Fahrzeug wie von Zauberhand. Es beschleunigt lautlos, hängt sich per Algorithmus bequem an den Kolonnen-Vordermann, hält mich mit Hightech-Komponenten wie Lidar, Radar und Kameras auf der Spur. Ich selbst darf nur noch wenig tun und kann die mitdenkende Regie dieser hochintelligenten Maschine wie die Entspannung in einem Wellnesshotel genießen.

Der Verkehr fließt und ich mit ihm. Ich überhole erst einen schwarzen Audi TT, dann einen blauen Ford Fiesta. Die automatischen Assistenten helfen mir sicher durch die Nacht.

Und ich denke wieder: Das ist doch eine ganz neue Erfahrung im Vergleich zur Autowelt, die da gerade im Rückspiegel verschwindet. Wie lange wirken die alten automobilen Rezepte und Glaubenssätze noch?

EMOTIONALE AUFLADUNG
Vom Freiheitsversprechen bis zur automobilen Firmung

Autos wurden schon immer als Affektmaschinen inszeniert. An den bisherigen Werbeslogans der bekannten Marken ist das bestens abzulesen. Seit über 50 Jahren verspricht BMW zum Beispiel die »Freude am Fahren«, Honda stellt uns »Technology you can enjoy« und Renault »Passion for Life« in Aussicht.

Seitdem das Auto und seine individuelle Nutzung ein eigenes Konsumgut geworden sind, wird damit auch ein intensives Gefühl in die Welt gesetzt, das man buchstäblich »erfahren« kann. In den 1980er-Jahren griff Toyota in seiner Werbung zum Slogan »Oh what a feeling – Toyota!«. Im Automobilsektor war das die bei weitem offensivste Gleichsetzung von technischer Marke und menschlichem Gefühl.

Ein Auto ist seit jeher nicht nur ein mechanischer Gegenstand, der eine Erfahrung ermöglicht, sondern auch einer, der emotionale Bindung erlaubt. Zum Beispiel wecken die anthropomorphen »Gesichtszüge« von Kühlerfronten Fantasien in uns. Fixierende Raubvogelaugen, offensives Haifischgrinsen und die legendäre Doppelniere von BMW sind für Automobilgestalter seit langem gängige Chiffren.

118

Auch gesellschaftliche Rituale hingen lange an der Autowahrnehmung. So markierte für viele Jugendliche der Boomer-Generation das erste eigene Auto das Erreichen der automobilen Volljährigkeit – eine Art Firmung nach dem Ritus der Straßenverkehrsordnung. Einerseits handelte es sich um eine symbolische Initiation, um die Entlassung in die Unabhängigkeit auf vier Rädern. Andererseits löste der Schritt die individuelle Vereinzelung jenseits des Familiären aus und produzierte Empty-Nest-Eltern in Serie. Diese Phänomene sind bei Millennials oder Gen Z anders anzutreffen. Ihnen reicht es im urbanen Raum oft Carsharing-Apps auf dem Smartphone installiert zu wissen.

ERWEITERUNG DES SELBST
Verlebendigung des Autos in der Popkultur

Autos können Objekt zärtlicher Gefühle werden oder von Herstellern als solches inszeniert werden. Die emotionale Verbindung zwischen Mensch und Auto hat in der Popkultur eine lange literarische und filmische Geschichte, die über das komplexe Verhältnis von Identität, Emotion, Natur und Kultur sowie Mensch und Maschine erzählt.

Der US-Bestsellerautor Stephen King schildert zum Beispiel in seinem Roman *Christine* die Geschichte des Schülers Arnie und seiner abhängig machenden Liebe zu einem 58er Plymouth Fury. Er nennt sein Fahrzeug »Christine«, und je mehr er es fährt, desto enger wird seine affektive Bindung. Hier wird das Auto als Wesen so lebendig, dass es sogar die Kontrolle über das Leben des Protagonisten übernimmt.

Mit dem Film *Titane* gewann die französische Regisseurin Julia Ducournau 2021 die Goldene Palme der Filmfestspiele in Cannes. Der Hauptfigur wird nach einem schweren Autounfall eine Titanplatte in den Kopf implantiert. Die medizinische Intervention verändert die psychische Verfassung der Protagonistin, die im Verlauf des Films eine fetischhafte Affiziertheit durch Autos entwickelt. Der Film verwischt auf subversive Weise die Grenzen zwischen Mensch und Maschine und stellt das Auto als Erweiterung des Selbst und Medium der Selbstfindung dar.

FAHRERFAHRUNG ALS SELBSTERFAHRUNG

Resonanzerfahrung durch immersive Interaktion mit dem Fahrzeug

Autos waren schon immer synästhetische Gesamtkunstwerke. Es sind kalkulierte Kompositionen sinnlicher Eindrücke durch Spüren, Sehen, Hören und Riechen. Produziert werden dabei Erfahrungen von Dynamik, wie Beschleunigung, Fliehkräfte, Reibung, Vibrationen. Zumindest diejenigen Modelle, die noch *vor* dem Einstieg in das autonome Fahren stehen, lassen ihre Nutzer:innen nicht passiv, sondern beanspruchen sie, erfordern Bewegungen und binden ihre Aufmerksamkeit.

Selbst das affektive Arrangement des Tesla-Wagens erfährt man nicht nur tatenlos. Trotz aller automatischen Assistenz beim Fahren gibt es auch dort ein körperliches Erleben – etwa das überwältigende Beschleunigungsmoment. Bestimmte Handlungen werden forciert, andere gehemmt. Man erlebt auch bei Tesla das affektive Arrangement vornehmlich als Resonanzerfahrung der immersiven Interaktion mit dem Fahrzeug.

Beim Fahren eines Tesla wird auch ein resonantes Erleben aktiviert, das unmittelbar mit meiner Identität zusammenhängt. Sobald ich im Model 3 beschleunige, spricht dieses E-Auto zu mir und macht klar: Lieber Fahrgast, du erlebst gerade schon die Zukunft des Fahrens, und du hast dich für eine durch Elektromobilität grundsätzlich mögliche emissionsfreie Zukunft entschieden.

Diese Erfahrung erlaubt es mir sogar, eine generelle Schlussfolgerung für die Politik zu ziehen: Es spricht nämlich vieles dafür, dass gesellschaftliche Verhaltensänderungen kaum allein über stichhaltige Argumente und kognitive Appelle ausgelöst werden können. Bevorzugt funktionieren sie zuerst über körperliche, affektive, resonante Erfahrungen.

Wer es schafft, seinem Anliegen in den richtigen Kontexten Resonanz zu verleihen, kann Widerstände beseitigen, Leute motivieren, Inspiration generieren, Identität stiften und Transformation managen und auch Unerwartetes entstehen lassen. Das gilt für die Steuerung einer Konsummarke genauso wie für die Beeinflussung gesellschaftlicher Dynamiken. Auf Tesla bezogen bedeutet das: Dieses spezielle affektive Arrangement kann durch Resonanz die Dinge zum Besseren verändern – etwa zu einer neuen, planetar verträglicheren Mobilitätsform.

KONKURRENZ DER AFFEKTARRANGEMENTS
Fossiles Raubtier versus elektrische Zukunft

In der Elektromobilität zeigt sich jedoch auch exemplarisch, wie Affektarrangements in eine starke Konkurrenz des Erlebens geraten können und sich in ihren Affektangeboten ständig neu abgrenzen müssen.

Elektroantriebe – zumal wenn sie so innovativ in Fahrzeugmodellen wie denen von Tesla realisiert werden – locken mit dem Erleben von Leichtigkeit, Reibungslosigkeit und einer bisher von wenigen Menschen erfahrenen Beschleunigung, mit dem Genuss der digitalen

Intelligenz einer zukunftsweisenden Technologie, mit dem Versprechen des emissionsfreien Vorankommens, mit dem damit verbundenen Image eines zeitgemäßen Lebensstils mit aufgeklärtem Weltblick.

Doch nicht weniger wirkungsvoll lockt das Affektarrangement der Verbrennertechnologie. Es lebt vom Faszinosum des »Raubtiers«, von aufheulenden, schwer zähmbaren Motoren hinter mächtigen Kühlergrillen, von der direkt spürbaren »Animalität« von Vibrationen, Geräusch, Abgasen, Hitze. Es lebt vom Bild der in Jahrzehnten perfektionierten Ingenieurleistung, einer Technologie, die analoges Fahrkönnen wie Gängeschalten und Drehzahlkontrolle verlangt.

Hier ringen also zwei affektiv mächtig aufgeladene Erlebnis-, Narrativ- und Argumentationswelten miteinander. Um sich in diesem Kräftemessen durchzusetzen, muss die Elektromobilität ein eigenes affektives Spektrum entwickeln, das Kunden für den Umstieg gewinnt, etwa das Bewusstsein, Frühstarter:in der neuen Antriebsart zu sein, geringe Verbrauchskosten zu haben – oder auch nur einen benzinerfahrenden Nachbarn, der mit Neid auf mein hochwertigeres Fahrzeug blickt.

ERLEBNIS FERRARI VERSUS TESLA
Der Harte und der Zarte

Tesla-Modelle wie das Model 3 haben durch ihre bisher im Markt alleinstellende, reibungslose Nutzererfahrung das Zeug, den Mythos des Autos komplett umzukrempeln. Noch ist die energieintensive E-Mobilität zwar nur unter bestimmten Voraussetzungen umweltfreundlicher als fossile Antriebe. Aber sie bietet, was ich als immersives und nahtloses Fahrerlebnis beschrieben habe – und produziert damit andere Fahrer:innen oder Konsument:innen. Ich würde zum Beispiel behaupten, dass es sich in einem still dahingleitenden und stark digital assistierten Model 3 sehr viel schlechter wütend werden lässt als in einem aufheulenden Verbrenner-Ferrari.

Das halbautonome Fahren mit einem Tesla entlässt uns ein Stück weit aus der Kontrolle über die Maschine. Es gewöhnt uns stattdessen vorsichtig an das Gefühl, uns in die Obhut der Maschine zu begeben. Während Ferrari für das Wilde, Ungezähmte, Mechanische, Harte und Laute steht, ist das Tesla-Gefühl ein ganz anderes: Der Mensch bezähmt hier nicht mehr die Maschine, sondern die Maschine beruhigt den Menschen und transformiert seine automobile Haltung.

Auch in einer weiteren Blickrichtung sind beide Modelle sehr unterschiedlich. Beide fungieren zwar als Statussymbole. Doch anders als ein Ferrari gehört ein Tesla im Grunde nicht mehr in die Epoche des Individualverkehrs. Vielmehr ragt er schon weit in die künftige »sharing economy« hinein. Mobilitäts-User, wie ich heute im nächtlichen Hamburg, fahren Tesla. Autoeigentümer:innen setzen auf den Ferrari.

Das alles ist noch keine langfristige Lösung, solange Strom nicht wirklich CO_2-neutral erzeugt wird und Batterierohstoffe unter kritischen Bedingungen geschürft und nicht in vollständigen Stoffkreisläufen recycelt werden. Gleichwohl wird mit dieser Mobilitätstechnologie eine Zukunft plausibel, die anders, aber trotzdem gut sein könnte – ein Zukunftsbild, das man kaum ablehnen kann.

Gerade die Herausforderung, rituell gewordene Erlebnisse und Bedingungen transformativ zu verändern, also zum Beispiel von Verbrennertechnologie auf Elektroantrieb umzusteigen, erfordert die besondere Anstrengung, ein ganz neues Erleben affektiv zugänglich zu machen – und zwar jenseits rationalen Verstehens, allein durch tiefgreifendes

Erleben der praktischen und emotionalen Vorzüge elektrischen Fahrens. In dieser Perspektive gibt Tesla ein Vorgefühl, wie leise Städte in Zukunft sein könnten und wie klar ihre Luft sein wird.

Ich bin am Ziel, meine nächtliche Fahrt im Model 3 ist zu Ende. Sie ließ mich ahnen, dass wir als Gesellschaft durch den Verzicht auf fossile Technologien auch gewinnen können. Dass wir etwas erreichen werden, wenn wir Mobilität so ansatzlos miteinander verschränken wie Franz Schubert die vier Sätze seiner *Wanderer-Fantasie*, die mir vor nicht mal 45 Minuten ein so schönes anderes immersives Erlebnis bot.

Learnings

Was du von Tesla über Erlebniskategorien, Zukunft als Erlebnis und die Relevanz von Design für affektive Resonanz lernen kannst:

1. In Erlebniskategorien denken

Sind Teslas noch klassische Autos oder schon »digital devices«? Die Marke spielt mit überlappenden Erlebniskategorien, die unsere Wahrnehmung prägen. Überlege, welche Erlebniskategorien die Wahrnehmung deiner Marke strukturieren.

2. Zukunft als Erlebnis gestalten

- Elektroautos vermitteln Zukunftsgefühle über das reibungslose Fahrerlebnis, das letztlich ein Selbsterlebnis ist – und sich stark vom bisherigen Erlebnis »Autofahren« abgrenzt. Überlege, wie sich »Zukunft« für deine Marke anfühlen könnte.

- Kerninhalte sollten als Kernerlebnisse verstanden und gestaltet werden. Bei Elektromobilität steht zum Beispiel Hypercharging für ein Erlebnis, das die Reichweitenbeschränkung von Elektrofahrzeugen affektiv auflöst.

- Biete Erlebnisse an, die emotionale Tiefe und Wiedererkennbarkeit haben – diese wirken oft stärker als kognitive Abwägungen.

3. Design als Tool für affektive Resonanz verstehen

· Wer bei anderen Freude auslösen will, muss verstehen, welche Auslöser dies bewirken. Bei Autos entwickeln oft »böse«, »kräftige«, »kernige« Designs mehr Zuneigung als sanfte oder harmlose Gesten. Überlege, welche Erlebnisangebote bei deiner Marke zentral sind – oder sein könnten.

· Baue spezifische Auslöser in deine Erlebnisangebote ein, die als Resonanzangebote fungieren.

Weniger Empörung wagen

Momente mit der Deutschen Bahn, gefangen im falschen Arrangement

Empö-
rungs-
AFFEKT

UNTERNEHMEN, DIE VIELEN MENSCHEN EINE DIENSTLEISTUNG ANBIETEN, schließen sich schnell selbst in eine abwärtsdrehende Empörungsspirale ein. Die Deutsche Bahn hat dieses Schicksal ereilt. Was helfen könnte, sind erlebbare positive Emotionen und eine affektiv überzeugende Entschuldigungskultur.

Mit dumpfem Schmatzen der Gummidichtung öffnet sich die Tür zu Wagen 23. Ich steige in den ICE, der mich in ein paar Stunden von Berlin nach München bringt. Ich möchte die Fahrt nutzen, um diesen Text zu schreiben. Wird mir die Zeit reichen – oder werde ich vielleicht viel zu viel davon haben? Bei der Bahn weiß man nie. An meinem Fensterplatz mit Tisch angekommen, klappe ich gleich den Laptop auf, und als der Zug anrollt, bin ich schon im »Schreibtunnel« verschwunden.

Es ist angenehm kühl, das Internet schnell, und die Durchsage, dass das Bistro heute geschlossen bleibt, kommt *nicht*. Ich möchte in den nächsten Stunden das affektive Arrangement der Deutschen Bahn in allen Facetten auseinandernehmen und wieder zusammenbauen. Was macht dieses Arrangement derzeit aus? Wie könnte man es so runderneuern, dass die Aussage »Typisch Bahn« ihren negativen Klang verliert? In der Schweiz wirbt die Staatsbahn mit den Worten: »Du bist meine SBB. Du bist meine Freiheit.« Wäre ein solcher mit echter Zuneigung der Bahnreisenden hinterlegter Resonanzrefrain auch in Deutschland vorstellbar?

Die Frustrationsepidemie
bricht aus

Ich will es nicht verheimlichen: Auch die Fahrt mit dem ICE von Berlin-Hauptbahnhof nach München, planmäßige Abfahrt 14.30 Uhr von Gleis 1, begann mit Verspätung. Der Blick auf die Navigator-App der Bahn zeigte plötzlich kryptische Informationen, die alles oder nichts bedeuteten. Jetzt ruhig bleiben, sagte ich mir – die Affekte kontrollieren, nicht gleich in Enttäuschung und Frustration verfallen. Wirre Durchsagen folgten. Und ja, irgendwann im Verlauf der 30 Minuten Wartezeit begann auch ich, die Augen zu verdrehen beim Hören der deutschlandweit bekannten Formeln: »Verzögerungen im Betriebsablauf«, »Umgekehrte Wagenreihung«, »Warten auf Personal aus verspäteter Vorleistung«, »Anschlussverlust«, »Triebkopf defekt«.

Am Gleis 1 in Berlin hatte die Bahn unfreiwillig ein affektives Arrangement aktiviert, das dem Muster der Enttäuschung folgt. Die dadurch ausgelösten Affekte kennt jeder: Die Betroffenen versichern einander, dass die Situation wieder einmal suboptimal ist. Und auf diese Weise potenziert sich die Befindlichkeit – es kommt statt zu Frustration*toleranz* zu Frustrations*resonanz*. Langfristig glimmende Negativgefühle und ad hoc sich entzündende Affekte der Anwesenden schaukeln einander hoch. Mein Frust wird plötzlich dein Frust – und schließlich der von uns allen. Hirnforscher:innen würden sagen: Über sogenannte Spiegelneuronen springen die negativen Affekte von einem Menschen zum anderen über. Der Bahnfrust geht viral, wird breit und ansteckend. Eine kurze Frustrationsepidemie brach da also am Gleis 1 aus. Und eine spontane Leidensgemeinschaft mit völlig unbekannten

131

Menschen gründete sich, die uns allen das Gefühl von Stärke gab gegen den in diesem Moment herzlosen »Apparat Bahn«.

Welche Affekte eine Zugverspätung auslösen kann

Das Warten ist ein zentraler Aspekt der menschlichen Existenz. Im Warten kann sich aber auch schnell die Frage nach dem Sinn des Lebens stellen. So ging es uns im hinhaltenden Wartezustand am Gleis 1 in Berlin-Hauptbahnhof. Wie Wladimir und Estragon, die Hauptfiguren in Samuel Becketts *Warten auf Godot*, erstarrten wir in der Erwartung einer nahen Zukunft, die vielleicht nie kommt. Unsere Gegenwart, Vergangenheit und Zukunft hatten vorübergehend ihren Sinn verloren, weshalb wir uns mit leeren Konversationen und ohnmächtigen Handlungen die Zeit vertrieben. Für eine halbe Stunde waren wir alle Wladimirs oder Estragons, die hilflos auf ihren Apps herumtippten, sich empörte Gesichter zuschickten, demonstrativ aufstöhnten – alles in der Hoffnung, Komplizen zu finden, mit denen man die Genervtheit vergemeinschaften konnte.

Doch zur Magie einer Fahrt mit der Deutschen Bahn gehört 2024 auch: Es *muss* nicht das Frusterleben, das »Warten auf Godot« sein. Die Verspätung kann, wenn man es zulässt, zur Lehrmeisterin der eigenen Gelassenheit werden. Die Langeweile muss nicht zwingend zum Sinnvakuum gerinnen oder zum Gefühl, einen Notstand ändern zu müssen. Sie könnte als produktives Nichtstun wahrgenommen werden, als schicksalhafter Impuls, durch den man sich erlöst in die Hände einer »Force majeure« begeben kann. Gegen die kann man nichts ausrichten, und sie kann unter Umständen sogar eine überzeugende Begründung

für versäumte Geschäftstermine abgeben, die man eh als nicht besonders notwendig empfunden hat. Das meine ich in aller Ernsthaftigkeit:
Entspannung im Angesicht eines unbeeinflussbaren Schicksals – auch
das kann ein Affekt sein, den die Bahn auszulösen vermag.

BERG-UND-TALFAHRT
Empörung als erwartbares Ausdrucksmuster
der Erfahrung Bahn

Als wir die Großstadt hinter uns lassen, eröffnet sich ein Naturpano-
rama. Wiesen, Felder und Wälder ziehen an meinem Blick vorbei. Nun
stellt sich eine andere Art von Gelassenheit ein – eine, die man spürt,
wenn es rundläuft. Es ist eigentlich doch ganz gut, jetzt hier zu sitzen
und nicht auf der Autobahn A13 im kilometerlangen Stau! Die Aufregung legt sich im ICE-Waggon, das tetrisartige Vor und Zurück der
sitzplatzsuchenden und kofferwuchtenden Fahrgäste ist zur Ruhe
gekommen, und die Empörung hat sich abgekühlt.

Die Bahn funktioniert gerade gut, denke ich und bin kurz davor,
leise mit etwas Schweizer Akzent in der Stimme zu murmeln: »Du bist
meine Deutsche Bahn. Du bist meine Freiheit.« Und weil wir gerade
dabei sind: Ich erinnere mich nun auch noch an ein weiteres gutes
Gefühl auf dem Bahnsteig vorhin. Als am tiefsten Punkt des Frusterle-
bens meine rettende Meditationsapp ihren Homescreen aufbaute, fuhr
unvermutet der ersehnte Zug in den Bahnhof ein – und dies fünf Minuten früher als angesagt. Super, also doch noch ein Schwapp positiver
Gefühle von der Bahn! Danke dafür und – hey, geht doch!

Ich rekapituliere, welche emotionale Berg-und-Talfahrt bis zu
diesem Zeitpunkt abgelaufen ist. Mir fällt auf, dass mit dem in diesem
Fall unfreiwilligen affektiven Arrangement der Bahn ganz bestimmte

133

Interaktionen, Handlungen und Rituale einhergehen, mit denen sicher zu rechnen ist – das kollektive Kopfschütteln, Empören, Augenrollen und Seufzen. Diese Verhaltensweisen und Ausdrucksmuster sind fester und erwartbarer Bestandteil der momentanen Deutsche-Bahn-Erfahrung.

ENTSCHULDIGUNGSKULTUR
Eine Strategie für die Transformation zum Besseren?

Wir halten am Leipziger Hauptbahnhof. Neue Passagiere steigen ein. Ein kurzer Blick in die riesigen Stahl-Glas-Bögen der Gleishalle. Und der Gedanke, dass man solche Konstruktionen vor rund 150 Jahren bewundernd die »Kathedralen der Geschwindigkeit« nannte, weil es nichts Schnelleres als die Bahn gab, um von A nach B zu kommen. Dann vertiefe ich mich wieder in meine Affektanalyse auf dem Bildschirm. »Pünktlichkeit der Bahn ist eine Erwartung, von der wir uns momentan lösen müssen. An ihre Stelle tritt das Warten auf die Entschuldigung für alle möglichen Missgeschicke«, tippe ich in den Rechner, der mir unter den Fingern ruckelt, als wir über eine Weiche wieder auf die Fernstrecke fahren.

Die Bitte um Entschuldigung hat sich, ähnlich wie im Theaterstück *Warten auf Godot*, als repetitives narratives Element zu einem festen Bestandteil der Erfahrungswelt Bahn verstetigt. Doch wie kommt es überhaupt, dass sich das Unternehmen so häufig entschuldigt? Warum hat sich eigentlich noch nie das Verkehrsministerium für einen Stau auf der Autobahn entschuldigt – oder die Deutsche Flugsicherung, wenn sich mal wieder die Urlaubsflieger in ihren Warteschleifen stauen und der Flugplan rutscht und rutscht?

Im Erzählraum der Deutschen Bahn waren bisher Pünktlichkeit, Effizienz und eine möglichst nahtlos funktionierende Logistik zentrale Themen. Laut dem Soziologen und Bahnkenner Tobias Röhl übertragen die Passagiere der Bahn besondere Verantwortlichkeit. Schließlich spielte der Schienenverkehr als erster technologischer Quantensprung der modernen Industriegeschichte bei der Rationalisierung des Transports die entscheidende Rolle. Ein Bahnnetz ist damit quasi dazu verdammt, wie ein Uhrwerk zu funktionieren, was etwa im Straßenverkehr nicht erwartet wird. In dieser Wahrnehmung stellen Störungen und Pannen natürlich Quellen für negative Narrative dar.

In ihrer aktuellen Krisenkommunikation konzentriert sich die Deutsche Bahn darauf, diese Verantwortung zu übernehmen, anstatt höhere unbeeinflussbare Mächte als Argument ins Feld zu führen. Es ist ein Versuch, durch Transparenz und Aufklärung Verständnis der Reisenden zu erlangen, was das Unternehmen zu dem breiten Arsenal an Formeln zwingt, die jede:r Bahnfahrende auswendig aufsagen kann: »Notarzteinsatz«, »Personen im Gleis«, »Stellwerk defekt«, »Signalstörung«, »Türmechanismus defekt«, »Bistro wegen Personalmangel geschlossen« ...

Eine kalkulierte Entschuldigungskultur der Bahn würde auch als strategische Antwort des Unternehmens funktionieren. Die Bahn kommuniziert inzwischen offen, dass erst milliardenschwere Investitionen in Züge, Stellwerke, Signalanlagen und Leitsysteme für eine Besserung der Misere sorgen können. Verantwortung durch eine ausgefeiltere und nicht nur ad hoc angewandte Entschuldigungskultur zu übernehmen, könnte also zu einem eigenen Narrativ, vielleicht sogar zum Leitnarrativ einer bevorstehenden Transformationsphase hin zur Besserung werden.

Mir wird aber auch eine Gefahr klar: So rasch wie aus einem Arsenal an gut argumentierten Entschuldigungen eine Strategie, eine Unternehmenskultur oder ein erfolgreiches Narrativ wird, so rasch kann ein inflationärer Gebrauch von ehrlichen Entschuldigungen diese in der Wahrnehmung wieder zu kommunikativ wirkungslosen Ausreden zusammenschrumpfen lassen. Sie dürften Bahnpassagiere dann eher noch mehr nerven und irritieren, anstatt Verständnis auszulösen, sie zum geduldigen Abwarten zu bewegen oder sogar für Solidarität zu sorgen mit einem nationalen Infrastrukturunternehmen in schwieriger Lage, das von allen Menschen nun einmal für einen mobilen Alltag benötigt wird.

ARM, ABER SEXY?

Kommunikativer Ersatzverkehr dringend benötigt

Inzwischen ist unser ICE auf dem brandneuen Schnellfahrabschnitt nach München unterwegs. Der Zug erreicht nun Höchstgeschwindigkeit und scheint wie eine Schwebebahn dahinzugleiten. In diesem Moment ingenieurmäßiger Hypermodernität muss ich plötzlich an die gute alte BVG denken, die Berliner Verkehrsbetriebe, den Betreiber der Berliner Busse und Bahnen in der Hauptstadt. Dort sind die rumpelnden Züge überfüllt, die Türen piepsen laut, es ist heiß, die Haltestangen kleben, es wird gebettelt, und es erklingt oft nicht bestellte Livemusik.

Was kann die BVG, das die Deutsche Bahn nicht kann, um sich in diesem auf den ersten Blick prekären Affektarrangement bei den Nutzer:innen positiv in Erinnerung zu halten? In der BVG-Kampagne unter dem Slogan »Weil wir dich lieben« werden aus hundert Gründen, sich zu entschuldigen, ganz schnell einhundert Liebeserklärungen an ein

Unternehmen, Liebeserklärungen an das Unvollkommene. Damit bettet sich Deutschlands größter Nahverkehrsbetrieb geschickt ins Narrativ der chaotisch-schrulligen, aber liebenswerten Bundeshauptstadt ein. Eine Menge positive Emotionen und Affekte werden hervorgerufen, indem das Unternehmen mit der ohnehin reduzierten Erwartungshaltung an die Hauptstadt im Rest des Landes spielt. »Arm, aber sexy«: Was einmal ein Berliner Bürgermeister für die Hauptstadt proklamiert hat, gilt auch für ihren öffentlichen Transportanbieter.

Mit diesem Selbstbewusstsein geht die BVG sogar so weit, unter dem Hashtag *#weilwirdichlieben* BVG-Nutzende zur Veröffentlichung ihrer kleinen und großen Frustrationserlebnisse des öffentlichen Nahverkehrs zu ermuntern. Damit gelingt es dem Unternehmen, in einer auf den ersten Blick paradox funktionierenden Marketingwirkung, zusammen mit seinen Kunden aus der abwärtsdrehenden Beschwerdespirale auszubrechen, um amüsante, freudvolle und optimistische Geschichten zu kreieren. Vieles dreht sich da um kleine Großstadtmomente, die einem mal mehr, mal weniger reibungslos funktionierenden Verkehrsunternehmen die Gelegenheit geben, mit Selbstironie und Humor zu punkten.

Nach der Coronapandemie hat auch die Deutsche Bahn, möglicherweise eingedenk des Erfolgs der BVG, zu einem ungewöhnlich emotionalen Slogan gegriffen: »Wir haben dich vermisst.« Die Worte sollten das Bahnfahren nach dem weitgehenden Stillstand des Verkehrs den Menschen wieder in Erinnerung rufen. Für die Deutsche Bahn, die bisher noch wenige ihrer behördlichen Eierschalen abwerfen konnte, ist das eine kommunikative Sensation. Schon das Duzen schafft eine persönliche Ebene zwischen Unternehmen und Reisenden. Zudem transportiert die Ansprache einer einzelnen Person durch diesen

137

Slogan, dass es der Bahn auf jeden ihrer täglich gut sieben Millionen Passagiere ankomme. Offenbar hat es im Denken der Bahnverantwortlichen bereits einen Empathieschub gegeben, der durchaus noch zu ganz neuen Affektarrangements führen kann.

TIEFSITZENDE NARRATIVE
Dass was funktioniert, kann nur Zufall sein

Um aus dem kommunikativen Trudeln, in dem die Bahn nun schon seit Jahren steckt, herauszukommen, dürfte jedoch mehr als nur eine nationale Marketingkampagne nötig sein. Das Problem ist hartnäckig, weil wir Menschen eben gerne an einem Narrativ festhalten – egal ob es positiv oder negativ ist.

So hat etwa der Kognitions- und Literaturwissenschaftler Fritz Breithaupt gezeigt, dass die Art und Weise, wie wir Geschichten erzählen und wahrnehmen, eng mit unseren emotionalen Reaktionen auf sie verbunden ist. Einerseits können Geschichten starke emotionale Reaktionen auslösen, andererseits können Emotionen auch dazu beitragen, dass wir Geschichten besser verstehen und uns besser an sie erinnern. Doch Emotionen wollen mit anderen geteilt werden – gerade auch die schlechten. Deshalb sind die affektiven Verbrüderungen der Bahnreisenden bei den vielen verspäteten Bahnfahrten jeden Tag nichts Ungewöhnliches. Die Erfahrungen, die wir machen, werden dadurch in narrative Form gebracht und erzählbar gemacht. Das hilft uns, sie auszudrücken, zu verstehen und zu teilen. Und die Art und Weise, wie wir Geschichten erzählen, beeinflusst auch, wie andere auf unsere Emotionen reagieren und wie wir selbst mit Emotionen umgehen.

Was bedeutet das nun für die Erzählung der Deutschen Bahn? Die derzeit zirkulierenden Narrative und Rituale, das Kopfschütteln und Augenrollen hat sich verselbstständigt und erzeugt neue Negativerfahrungen, die durch die Resonanz mit anderen verstärkt werden. Diese Erfahrungen und Narrative sitzen mittlerweile so fest, dass selbst in den Fällen, in denen die Bahn reibungslos und ohne Verspätung die Gäste an ihr Ziel bringt, dennoch auf den Gängen genörgelt wird. Nach dem Motto: Letzte Woche ist ja alles schiefgegangen, da kann es heute doch wohl nur ein Zufall sein, dass alles funktioniert.

MEHR HUMOR

Die Stimmung von »Wir sitzen alle im selben Boot« fördern

Fest steht für mich jedenfalls, dass der alltägliche Kampf mit der Deutschen Bahn häufig unnötig durch ein Gefühl des »Wir gegen die« definiert ist. Die Reisenden fühlen sich zu oft im Stich gelassen, während die Bahn als unpersönlicher und kalter Apparat sie den Verhältnissen ausliefert, so die verbreitete Wahrnehmung. Ein zentrales Problem liegt darin, dass Fahrgäste und Personal sich bisher zu oft in zwei Lager teilen und keine gemeinsame Resonanz entwickeln können

Was könnte diese Fronten aufbrechen – und einen positiven Erlebnisraum erzeugen? Was könnte die Frustration umlenken oder anders organisieren? Ein großer Schritt wäre aus meiner Sicht der Einsatz von mehr entwaffnendem Humor durch das Zugpersonal. Eine sympathische Art kann das Frustrationsniveau der Fahrgäste senken und eine emotionale Verbindung zu ihnen herstellen. Dies würde die Stimmung verbessern, vielleicht sogar das Gefühl von »Wir sitzen alle im selben Boot« fördern.

In Nutzerforen berichten Bahnreisende, wie viele Zugbegleiter:innen diese Karte schon spielen – ohne dass dies in der Konzernzentrale in Berlin offiziell als Positionierung des Unternehmens angeordnet worden wäre. Die Bahnangestellten vor Ort wissen sich offenbar nicht mehr anders zu helfen und werden kreativ. Hier ein kleines Best-of aus dieser Onlineressource:

»Wann es weitergeht, weiß ich leider nicht. Aber ich bin hier vorne eine rauchen, falls Sie Fragen haben. Hier können Sie auch den Güterzug anschauen, der uns gerade aufhält« … »Das Bistro hat kein Personal. Willkommen im Chaos der Deutschen Bahn« … »Wir erreichen Dresden heute pünktlich. Das glaubt Ihnen aber eh niemand, also gehen Sie noch einen Kaffee trinken« … »Liebe Fahrgäste, wir sind etwas zu früh dran. Und wie Sie wissen, ist das so gar nicht unsere Devise. Deshalb warten wir hier noch ein paar Minuten.«

MEHR HOFFNUNG
»Du bist meine Deutsche Bahn, du bist meine Freiheit!«

Wie hat der rumänisch-französische Autor Eugène Ionesco, ein meisterhafter Interpret des Absurden, noch mal gesagt? »Wer sich an das Absurde gewöhnt hat, findet sich in unserer Zeit gut zurecht.« Sollte die Deutsche Bahn vielleicht das zu ihrem Kundenversprechen machen? Ich fände das gar nicht so verkehrt. Nach der Devise: Ich bekomme bei der Fahrt mit der Deutschen Bahn etwas beigebracht, das mich im Leben auf grundsätzlicherer Ebene weiterbringt.

Mein ICE rast inzwischen durch Bayern. Die anfängliche Verspätung haben wir mittlerweile fast wieder reingefahren. Ging heute alles ganz glatt! Der Affekt des »Wow, heute macht mir die Bahn ein

Geschenk in Form eines reibungslosen Transports von Berlin nach München« stellt sich allmählich ein. Ich kann meinen Geschäftstermin in der Isarstadt wohl sogar halten und schicke freudig eine WhatsApp voraus, dass ich pünktlich sein werde.

Und plötzlich raschelt, knackt und nuschelt es im Lautsprecher. Alle im Wagen 23 erstarren zur Salzsäule. Ist das doch noch die Hiobsbotschaft dieser Reise? Es musste ja wieder was sein! Ein Räuspern, ein Blättern, ein »Ähh«. Dann: »Alle Anschlüsse werden erreicht.« Und schließlich *der* vertraute Satz, der mich endgültig versöhnt: »Sänk ju for träweling wis Deutsche Bahn, gudbei.«

Learnings

**Was du von Bahnfahrten über das Management
negativer Affekte, die Reorganisation affektiver
Arrangements und kollektives Resonanzerleben lernen kannst:**

**1. Negative Affekte identifizieren
und managen**

- Negative Affekte wie Frust, Empörung oder
  Unsicherheit können durch alternative positive
  Erlebnisse neutralisiert oder gemildert werden.

- Die Alternative zu negativen Affekten ist oft nicht
  nur die Lösung der sachlichen Probleme, sondern
  das Angebot, andere Affekte zu erleben.

- Identifizieren, welche Affekte das Kundenerlebnis
  im Gesamturteil positiv beeinflussen könnten.
  Im besten Fall führt dies zu einer grundlegenden
  Reorganisation affektiver Arrangements.

2. Auffangen und Auffangenlassen als Teil des Markenerlebnisses

- Ein Kommunikationsverhalten etablieren, das nicht Empörung, sondern Vertrauen auslöst.
- Gib der Zielgruppe das Gefühl, dass ihre Probleme oder Bedürfnisse auch wirklich gehört und verstanden werden.

3. Alternative Resonanzen anbieten

- In einer Zone möglicher negativer Erlebnisse nicht nur auf diese direkt eingehen, sondern zusätzliche andere positive Erlebnisse anbieten (Verspätung – Wasserflasche).
- Affektives Krisenmanagement bedeutet auch Zeit, zu strukturieren. Wartezeiten neu zu erfinden und in ein positives Erlebnis zu verwandeln ist eine Kunst für sich.
- Negative Affekte durch »Erwartungsmanagement« frühzeitig entschärfen. Im Falle von Unpünktlichkeit könnte das zum Beispiel ein Update zur Reisezeit oder das Angebot sein, die Wartezeit mit einem Erlebnis zu überbrücken.

Der diskrete Charme der Marke »No Brand«

Decathlon und die Intensivierung des Unauffälligen

DER WELTGRÖSSTE SPORTARTIKELHÄNDLER DECATHLON macht mit speziellem Produktdesign und Ladenformaten deutlich, wie die Abwesenheit von besonders individuellen Reizen sowie der Kundenwunsch nach Erlebnislosigkeit einen erfolgreichen Markenkontext herstellen können. Ein Besuch in einem ganz besonderen affektiven Arrangement.

»Wer ist der beste Zehnkämpfer der Welt?«, frage ich an einem verhangenen Aprilmorgen ungefähr 15 Leute, die mit Sportgerätschaften wie Bodyboards, Basketbällen und Bowlingsets unter dem Arm aus dem Sportkaufhaus Decathlon am Berliner Alexanderplatz kommen. Kopfschütteln und »Kenn ich nicht, wer ist es?« ist die Standardantwort von Rentner:innen, Schüler:innen, Alleinerziehenden, Studierenden, Frauen und Männern eines breiten gesellschaftlichen Querschnitts.

Tatsächlich sind die Zehnkampf-Athleten die schnell mal übersehenen »Normalos« der Sportwelt. Sie treten in den Kerndisziplinen der Leichtathletik an und erhalten für diese gemischte Höchstleistung Punktzahlen auf einer Weltrangliste, deren Wow-Faktor sich nur Kennern der Materie erschließt. Wenige Fernsehkameras richten sich auch auf diese wenig bekannten Sportler:innen, die in den weniger beachteten Ecken der Stadien tagelang im Wettkampf sind. Dagegen stehen Zeiten, Rekorde und Medaillen bei den Athleten der Einzelwettbewerbe auf den Laufbahnen und an den Sprunggruben sofort fest. Und auf der Tribüne lässt sich beim Blick auf die Zehnkampf-Stars wie Leo Neugebauer mitfiebern, raunen, jubeln oder applaudieren – kurz, man kann sich dem Affekt spontaner Sportbegeisterung hingeben.

KALKULIERTER VERZICHT AUF MARKENZUGKRAFT
Ein paradoxer Weg zum wirtschaftlichen Erfolg

Das griechische Wort »Decathlon« bedeutet Zehnkampf. So gesehen, denke ich beim Betreten der Berliner Niederlassung der weltweit größten Sportartikelkette aus Frankreich, ist das ein angemessener Name. Denn er stellt eine Art Antithese zum emotional aufgepeitschten Branding einzelner Sportarten und -disziplinen auf. Das affektive Arrangement, das Decathlon in den meisten seiner weltweit 1700 Märkte bietet, zielt vielmehr bewusst auf allgemeine Normalität, auf die Mitte der Bevölkerung als Kundenkreis sowie auf ein Verkaufserlebnis vor Ort, das große Gefühle als unnötigen Luxus in den Hintergrund stellt und von einer gewissen Sachlichkeit geprägt ist.

Eine ungewöhnlich breite Palette an Artikeln für verschiedene Sportarten und Outdoor-Aktivitäten gibt es zu kaufen: Funktionskleidung, Schuhe, Fahrräder, Campingausrüstung, Hanteln, Tennisschläger, Proteinshakes, Schwimmflossen, Fußbälle – Ausrüstung und Zubehör für nahezu alle bekannten sportlichen Betätigungen. Das 1976 in Frankreich gegründete Unternehmen setzt dabei ausschließlich auf selbst entworfene Eigenmarken. So kann es die – wie starke Understatements formulierten – Erlebniswerte seiner Produkte optimal steuern.

Decathlon versorgt Freizeit- und professionelle Sportler:innen gleichermaßen. Die nüchterne Ästhetik der Produkte ist hocheffektiv entworfen und umgesetzt. Verpackungen und Design der Artikel konzentrieren sich auf schlichte und klare Aspekte wie Funktionalität, Haltbarkeit, Leistung. Obwohl Decathlon weltweit 85 Eigenmarken steuert, entsteht für mich der Eindruck, die meisten Produkte sollten ausdrücklich einem »markenlosen«, unauffälligen Look folgen.

147

Zu laut gedrehtes Branding, wie auffällige Designs, ungewöhnliche Materialwahl, schrille Farbigkeit oder knallige Produktbezeichnungen sind hier nicht zu finden. Decathlon-Marken sind Breitensportler und keine Fußballdivas, eher Erika und Max Mustermann als Cristiano Ronaldo oder Simone Biles. Den Zehnkampf als Namen zu führen, als Angebot an ein Massenpublikum, den unterschiedlichsten Sportarten nachgehen zu können, zeigt bereits die Richtung an. Der Gedanke der »Demokratisierung« des Sports, jedermann und jederfrau den Einstieg in eine Sportart zu überschaubaren Preisen zu ermöglichen, steht denn auch schon seit Gründung des bald 50 Jahre alten Einzelhändlers, der heute in gut 70 Ländern anbietet, im Mission Statement des Unternehmens.

AUFFÄLLIG UNAUFFÄLLIG
Entspann dich – hier wird dir nichts angedreht!

Schon beim Betreten der Berliner Niederlassung empfängt mich die unaufdringliche Ladenstimmung. Keine grellen Lichter oder dröhnende Musik. Nur gedämpftes Murmeln von Kunden, die sorgfältig durch das Sortiment stöbern. Artikel werden aus dem Regal oder von den Wänden genommen, über Kopf, Hände und Füße gestreift oder am Körper vermessen. Der Weg durch die Gänge führt durch ein Markenland, das vor allem hinter der eigenen Unauffälligkeit verborgen bleiben möchte. Hier gibt es keine Kletterwände, Kajakbecken oder hektischen Werbevideos, die einem ins Gesicht springen. Eine fast klösterliche Konzentration legt sich stattdessen wie ein Schirm über die 8500 Quadratmeter Verkaufsfläche, die größte von Decathlon in Deutschland.

Mein Rundgang startet zufällig bei den Wanderausrüstungen. Nichts als gedeckte Farben und schlichtes Design. Rucksäcke, Jacken,

Schlafsäcke und Wanderstöcke signalisieren pure Funktionalität. Die Natur scheint hier der eigentliche Star zu sein, und Decathlon liefert alle möglichen unscheinbaren Begleiter zu. Es kommt mir vor, als würde dieser Laden mir permanent einflüstern: Relax, wir wollen dir hier nichts andrehen!

Als Nächstes die Fahrräder: Kritische Kunden umkurven mich bereits auf dem Mittelgang auf Testfahrt. Bei Decathlon könnte man locker einen eigenen Fahrrad-Zehnkampf austragen. In Reih und Glied warten robuste Mountainbikes, Gravelbikes, Stadträder, Kinderräder und E-Bikes. Alles, was zwei Naben hat, ist zu erwerben. Doch auch hier gilt: Kein Manufakturschnickschnack macht sich wichtig, keine überflüssigen Details reden einem in die Kaufüberlegungen drein – es herrscht eine Atmosphäre nüchterner Zweckmäßigkeit. Diese Räder warten nur darauf, ihre Eigentümer:innen so unauffällig wie möglich durch die Großstadt gleiten zu lassen. Um von A nach B zu kommen, dafür kauft man sich etwas bei Decathlon. Um vor dem »Borchardt« eine bestimmte Szene zu beeindrucken – dazu eignen sich diese erlebnisreduzierten Artikel nicht.

Ein angenehm wohliges Gefühl breitet sich in mir aus, und allmählich wird mir klar: Es ist gerade der eigenwillige Fokus auf das Formale, Funktionale und Unaufgeregte dieses Sortiments und dieser frugalen »Customer Journey«, der bei mir Tiefenentspannung auslöst. Eine Art bewusst verbreitete Marketing-Antimaterie liegt hier in der Luft. Die Intensität der Marke, ihre emotionale Wirkung, entsteht gerade durch Abwesenheit und Reduktion starker Affekte und Emotionen.

Markenwirkung durch »Brand Detachment«

Seit den Tagen, als *branding* noch hieß, Rinder mit Brandzeichen zu versehen, um sie als Eigentum zu markieren, ist einiges passiert. Erst fing man an, mit Worten, Logos und Illustrationen die Eigenschaften und Vorteile seines Produkts zu kommunizieren. Mit der wachsenden Zahl von Wettbewerbern begann man, über eine zielgruppengerechte Ansprache von Kundenbedürfnissen nachzudenken. Schließlich merkte man, dass es nicht reicht, Sachinformationen zu übermitteln, sondern dass mit passenden Bildern, Erzählungen und Botschaften eine emotionale Verbindung zwischen Kunden und Produkt hergestellt werden muss. Das war der Übergang zum mit Appellen aufgeladenen *emotional branding*.

Die Emotionalität in der Vermarktung kann an individuelle Identitäten geknüpft werden – wie im Fall der »Air Jordan«-Sportschuhe von Nike und der Basketballlegende Michael Jordan. Mitte der 1980er-Jahre stand plötzlich nicht mehr das Produkt Schuh im Mittelpunkt, sondern ein Athlet. Mit der Symbiose von Ausnahme-Athlet und Produkt wurde suggeriert, dass jeder normale Mensch beim Kauf dieses Schuhs ein kleines bisschen Jordan, ein Stück der Athletik, des Talents und taktischen Geschicks für sich erwerben konnte. Nicht nur »Just do it«, Nikes eingeführter Werbeslogan, galt jetzt, sondern sozusagen: »Just do it like Jordan.«

Rund 40 Jahre später, an diesem bewölkten Mittwochmorgen mitten in Berlin in einem Sportartikelgeschäft, erlebe ich an keiner Stelle meines Rundgangs mitreißende Emotionen. Alles atmet »Less is more« und »Form follows function«, das entfernte Echo der Bauhausgestalter der 1920er-Jahre, die unter der Überschrift »Demokratisierung des Schönen« an der Entwicklung der »guten Form« für einen möglichst breiten Nutzerkreis interessiert waren. Und das verlangte, mit sinnvollen Designs und der geeigneten Materialwahl, durch zeitlose Ästhetik, Qualität und sofort einleuchtende Funktionalität zu überzeugen – und nicht durch abstrakte Markenversprechen.

Bei Decathlon erlebe ich ein »Brand Detachment« – eine Kappung jeglicher Markenwahrnehmung. Slogans, die wie Apples »Think different« jahrzehntelang Individualität und Andersheit zum Leitbild erhoben haben, werden von Decathlons neuem Postulat der Mittellage und Durchschnittlichkeit herausgefordert. Gleichheit herzustellen scheint nun angesagt zu sein, wenn ich die »Plainness«, die Gewöhnlichkeit, der Produkte von Decathlon richtig interpretiere. Es geht nicht mehr um exklusives Herausstechen aus der Masse, sondern um Anpassungsfähigkeit.

»Willkommen in der Ära entspannter Unsichtbarkeit«, kommuniziert die Decathlon-Welt. Niemand muss irgendwas, vor allem nicht ostentativ originell und cool sein. Die Marke Decathlon – Zehnkampf, ein breites Angebot von Einzeldisziplinen– ist wie eine Leerstelle, die beliebig und kontextabhängig verwendet, umgedeutet und mit Bedeutung belegt werden kann. Sie ist ein wohlüberlegtes, kuratiertes affektives Arrangement, das sich eher durch die Benutzung und durch Aneignungsprozesse definiert als durch einen unverrückbaren Markenkern.

Das affektive Arrangement
von »Normcore«

Ich stehe vor einem Sneaker-Regal und nehme einen Tennisschuh der Decathlon-Hausmarke Artengo in die Hand. Natürlich muss ich an Leif Randts Roman *Allegro Pastell* denken, der ursprünglich »Artengo Pastell« heißen sollte. Der Roman schildert das Leben der Millennials und spiegelt das Lebensgefühl der jüngeren Generation. In *Allegro Pastell* werden Decathlon- und andere No-Name-Produkte vom Personal des Romans gerne getragen. Die konfliktscheuen, reibungsunfähigen Figuren leben in stets leicht unterkühlten Beziehungen, in denen alles irgendwie in Ordnung ist. Es gibt keine Exzesse, keine Intensität, nur dahingleitende Normalität und Mittelmäßigkeit der Gefühle. Am affektiven Nullpunkt ist nichts schlecht, aber auch nichts wirklich großartig.

Im Modebereich heißt diese gewöhnliche Mittellage »Normcore« – eine Stilrichtung, die durch Unauffälligkeit und Understatement gekennzeichnet ist. Die Wortneuschöpfung – ein vom New Yorker Kunstkollektiv K-Hole erfundenes Kofferwort aus »Normal« und »Hardcore« – beschreibt den Wunsch, dazuzugehören und sich nicht individuell abzusetzen. Normcore-Garderoben basieren auf zeitlosen Kleidungsstücken, die länger als eine Saison getragen werden können: schlichte Shirts, ausgewaschene Jeans, Kaschmirpullover und ein paar Sneaker – je schlichter, desto besser. Individualität wird durch nur leicht variierende Farb- und Formgebung ausgedrückt. Indem sie sich wie der Mainstream kleiden, heben sich Normcore-Trendsetter von jenen ab, die noch immer auf dem anstrengenden Pfad der Nonkonformität wandeln und sich ständig fragen: Was ziehe ich heute nur an?

Normcore-Kleidung wird aber auch zu einem ironisch zur Schau gestellten Statussymbol für Menschen, die sich eigentlich gegen den Begriff »normal« sträuben. Apple-Gründer Steve Jobs und Meta-Chef Mark Zuckerberg sind Paradebeispiele: lockere Jeans, immer ein graues Shirt (für Mark) oder ein schwarzer Turtle-Neck Pullover (für Steve), »Birkis« oder weiße Turnschuhe – mehr braucht es nicht. In den sozialen Medien weiterentwickelt, schließt Normcore in der jüngsten Iteration einen seriösen High-Street-Look mit ein. Die Schauspielerin Gwyneth Paltrow, aber auch die Figuren der erfolgreichen Serie *Succession* übertragen das Normcore-Konzept sogar auf die Luxus-Schiene – besser bekannt als »Quiet Luxury« oder »Stealth Wealth«. Eine Figur der Serie trug zum Beispiel eine Baseballcap, die für Nichtkenner:innen wie eine gewöhnliche No-Name-Cap aussah. Sie kostete aber 700 Dollar und bestand aus Kaschmirwolle. Es fehlte jedoch ein Logo, das zur direkten Erkennbarkeit als Luxusobjekt beigetragen hätte.

Auch die Sportbekleidung der Marke Decathlon steht nicht für emotionale Intensität, sondern Ereignislosigkeit: Einfache Sneaker, Shirts ohne Logo, kombiniert mit einer funktionalen Hose – das ließe sich auch als ein Arrangement des affektiven Minimalismus beschreiben. So, als ob Decathlon durch die Kleidung spräche und sagen würde: Kümmere dich nicht um Status oder Ästhetik, konzentriere dich auf das Wesentliche, kontrolliere deine Gefühle und Affekte.

Mein Weg führt nun an den Kassen vorbei – ohne etwas gekauft zu haben, aber mit spannenden Einsichten über die Wirkweisen eines besonderen affektiven Arrangements, das Wirkung durch Minimierung erzielt, Erlebnis- und Affektintensität radikal reduziert und im Modus der Unaufgeregtheit operiert.

Learnings

**Was du von Decathlon über subtile Marken-
kraft, Markenführung und die Intensivierung
des Unauffälligen lernen kannst:**

1. **Setze auf Understatement,
   um subtile Markenstärke aufzubauen**

   · Decathlon zeigt, dass Marken nicht immer laut und
   auffällig sein müssen, um erfolgreich zu sein. Ein
   affektiv minimalistischer Ansatz kann die Stärke einer
   Marke auf unauffällige Weise betonen und so eine starke
   Markenidentität schaffen.

   · Minimalistisches Design, das bewusst auf »markenlose«
   Wirkung setzt, lenkt den Fokus auf die Qualität und
   Funktionalität der Produkte. Dies kann eine besonders
   starke Wirkung haben, wenn die Kommunikationsstrategie
   darauf abgestimmt ist, die Unauffälligkeit als
   Markenzeichen zu etablieren. Überlege, ob ein solcher
   Ansatz für deine Marke geeignet ist, um dich von
   konkurrierenden, lauteren Marken abzuheben.

2. Bleib dem Markenkontext gegenüber neugierig

- Eine kontextuelle Markenführung ähnelt der Landschafts-pflege: Sie erfordert Aufmerksamkeit für das Zusammenspiel zwischen Marke und Umgebung, um eine harmonische und kohärente Wahrnehmung zu gewährleisten.

- Analysiere die verschiedenen Kontexte, in denen deine Marke präsent ist, und sei bereit, sie in neue Umfelder zu bringen. Dies kann dazu beitragen, die Marke weiterzuentwickeln und ihre Relevanz in unterschiedlichen Situationen zu erhalten. Gestalte deinen Markenauftritt so, dass er sich nahtlos in verschiedene Alltagsszenarien einfügt, ohne durch übertriebene Emotionen oder auffällige Elemente zu stören.

3. Intensiviere das Unauffällige, um affektive Resonanz zu erzeugen

- Oft wird das Unauffällige unterschätzt, obwohl es intensive affektive Resonanz erzeugen kann. Es ist nicht immer nötig, hohe Intensität oder Erlebnispeaks zu erzeugen, um emotionale Bindungen zu schaffen.

- Die Stärke des Unauffälligen kann Teil einer wirkungsvollen Affektiven Strategie sein. Einfache, funktionale Designs fördern eine ruhige und zurückhaltende Markenwahrnehmung, die dennoch starke emotionale Verbindungen schaffen kann. Indem du unauffällige Elemente in deine Marke integrierst, kannst du eine Balance zwischen Funktionalität und emotionaler Distanz finden, die besonders in überladenen Märkten hervorsticht.

Swipen bis zum »Netflix and Chill« Der Match der Dating-Apps zwischen Erwartung und affektiver Anstiftung

ERREGUNGS-
AFFEKT

DATINGPLATTFORMEN SIND WICHTIGE GESELLSCHAFTLICHE KOMMUNIKATIONS-DREHSCHEIBEN GEWORDEN. Soziale Interaktionsmuster, Strategien der Selbstdarstellung und die Entwicklung emotionaler Verbindungen zwischen Menschen lassen sich dort tiefgehend analysieren. Dating-Apps sind sehr komplexe Text-Bild-Resonanzräume für menschliche Kommunikation. Für die politische oder Markenkommunikation gibt es hier wertvolle Einsichten

Klar, noch immer suchen jeden Samstag ein paar Menschen per Annonce in der *Süddeutschen Zeitung* nach dem Partner fürs Leben. »Attraktiver Herr, Anfang 50, gebildet, kulturell interessiert, sucht niveauvolle Sie: reiselustig, schlank, Akademikerin«. Ein bisschen wie aus einem anderen Zeitalter erscheinen heute solche Kontaktanzeigen, wie sie jahrzehntelang auf knisternden Zeitungsseiten prangten. Und mittlerweile ist klar: Mit dem Thema Dating oder Onlinedating beschäftigen sich sehr viele, es sei denn, sie fühlen sich zu alt, sind glücklich verpartnert oder zu schüchtern, um sich selbst dort zu exponieren.

Im Smartphone knistert nichts – oder nur im übertragenen Sinn. Von Parship bis Tinder, von Bumble bis OkCupid, von Hinge bis Feeld: Die Zahl der Apps und Algorithmen, die sich als elektronische Makler für kurzfristige oder langfristige Zuneigung anbieten, steigt immer weiter, immer mehr differenziert sich das Angebot aus: Christian Mingle führt religiöse Singles zueinander, Grindr verbindet schwule Männer, Bristlr sammelt weibliche Singles ein, die auf Bart stehen.

ASTRONOMISCHE SCHLAGZAHLEN
Eine App hat sieben Mal
die Erdbevölkerung verdrahtet

8000 Apps und Webseiten soll es für Datinganbahnung mittlerweile geben. Die Nutzerzahl der Apps steigt jedes Jahr solide um knapp drei Prozent. 2028 dürften es nach Prognosen 450 Millionen Menschen weltweit sein. Die Plattform Tinder nimmt für sich in Anspruch, seit Gründung vor zwölf Jahren rechnerisch schon sieben Mal die heutige Erdbevölkerung für eine mögliche erste Begegnung digital verknüpft zu haben – zusammengerechnet 55 Milliarden Menschen!

Diese rund um die Uhr geöffneten virtuellen Begegnungsstätten haben erstaunliche Schlagzahlen bei der Vermittlung von Begegnung, Liebe und Sex erreicht. Rein rechnerisch hat wohl schon jeder fünfte Mensch den Partner oder die Partnerin über eine digitale Datingplattform gefunden – mehr als auf jedem anderen Anbahnungsweg, wie zum Beispiel über die Arbeit oder den Freundeskreis. Hätten sich diese Menschen ohne Dating-Apps im Millionendickicht moderner Gesellschaften jemals gefunden? Wahrscheinlich nicht. Wir können also froh sein, dass es die digitale Anbahnung von Beziehungen gibt.

NEUE UNBEFANGENHEIT
Digitales Dating wird bald
voll salonfähig sein

Heute scheint es in fast jedem Freundeskreis ein Paar zu geben, das sich online kennengelernt hat. »Tinder-Kinder« bevölkern schon in großer Zahl Kitas und Grundschulen. Digitales Dating müsste also eigentlich vollkommen salonfähig geworden sein. Und doch ergreift manche

Menschen dabei auch Scham – ein Gefühl, das vielleicht der vehementeste Antiaffekt zu dem der Erregung ist.

Den neuen Partner an der Supermarktkasse kennengelernt zu haben gilt in manchen Kreisen noch leichter vermittelbar, als auf das Smartphone als Ursprung einer Romanze zu verweisen. Hin und wieder erlebt man auf Hochzeiten, wie hinter vorgehaltener Hand geraunt wird: Das Paar hat sich online kennengelernt. Die Aufregung darüber hält sich aber wohl schon die Waage mit dem Gefühl des Verpassthabens, wenn man es nicht selbst ausprobiert hat.

Wie die Leute heute schon stolz ausrufen, was sie für eine tolle Wohnung auf Airbnb gefunden hätten, so werden sie bald ähnlich unbefangen über ihren digital gefundenen Beziehungspartner sprechen.

KLEINE GESCHICHTE DES DATINGS
Das Den-Hof-Machen kommt unter die Räder

In *Dating. Eine Kulturgeschichte* weist die amerikanische Wissenschaftlerin Moira Weigl den ersten Gebrauch des Wortes in einer Kolumne der Zeitung *The Chicago Record* nach. 1896 war das. Das Gehaltsgefälle zwischen Mann und Frau spielte damals eine prägende Rolle in der Anbahnung von Beziehungen. Denn die Verstädterung, so die Forscherin, zog auch viele Singlefrauen in die Ballungsräume. Die meistens finanziell bessergestellten Männer, die sie dort kennenlernten, bezahlten zum Beispiel für gemeinsame Abendessen oder beide Kinokarten.

Eine ganze Unterhaltungskultur entstand rund um diesen frühen Datingmechanismus herum. Indes durfte der nur in öffentlichen Räumen seine Wunder tun. Nach damaliger Sitte durfte man nämlich niemals direkt miteinander im Bett landen. Also kam man sich an bestimmten Erregungsorten erst mal näher – im Lichtspielhaus, im Theater, auf dem Jahrmarkt.

Solche Orte sind heute auch noch im Spiel, wenn es um die ersten persönlichen Begegnungen mit einem digital ausgewählten Menschen geht. Auch der Charme der ersten gewechselten Worte, die Vorbereitung des eigenen Aussehens für diese Begegnungen, all das Drumherum wie Kleidung und Frisur gehören dazu. Anderes hat sich aber verändert, seit die halbe Welt begonnen hat, sich über Apps zu verabreden.

dEEP DIVE

Netflix and Chill

Mit der Wendung »Netflix and Chill«, könnte man vermuten, habe der Streamingdienst ein ganz neues affektives Arrangement fürs Dating erfunden. Sie findet sich indes erstmals erwähnt in einen Tweet von 2009. Im Sprachgebrauch bedeutete der Ausdruck damals genau das: einen Film gucken und entspannen. Heute ist er mehr Code dafür, dass sich zwei Leute für den nächsten Schritt nach dem Kennenlernen verabreden. Das Arrangement des Kennenlernens im Spannungsfühl zwischen Direktheit und Entdeckung braucht auch heute noch eine Zone des Explorativen, in der es eben neue Codierungen gibt. Früher die berühmte »Briefmarkensammlung« oder »Kommst du noch auf einen Kaffee mit hoch?«, heute eben: »Wollen wir netflixen und chillen?«

Die Soziologin Eva Illouz ist *die* führende Autorin zum Thema Beziehungen und Liebe in Zeiten neuer technologischer Möglichkeiten. Ihre These: Seitdem Sex mit den Apps weitgehend verfügbar geworden ist,

161

hat das traditionelle Den-Hof-Machen seine Bedeutung verloren. »Heute bezahlen Männer höchstens noch den Drink des ersten Dates«, beobachtet Illouz. In der Ära der Datingportale sei die subtile Kunst des Umwerbens unter die Räder des direkten Strebens nach sexuellen Begegnungen gekommen. Ja, und vermutlich ist es auch so: Vielfach folgt das Dating dem beschleunigten Muster des Warenaustauschs, in dem Menschen konsumiert und anschließend beiseitegelegt werden.

ERREGUNG MIT SYSTEM
Onlinedating als affektives Arrangement

Wie kaum ein anderes soziales Phänomen lässt sich das Onlinedating als affektives Arrangement betrachten, das vor allem auf das Erlebnis einer emotionalen Erregung setzt. Über die Plattformen als Resonanzraum können damit starke Muster und Instinkte wirksam werden, die seit Jahrtausenden der Biologie und Psychologie des Menschen mitgegeben sind: in der Gruppe unterwegs sein, Paare bilden, Nester bauen und sich fortpflanzen. Es sind uralte Impulsquellen, durch die wir uns auch heute noch in einer hochtechnisierten Welt immer wieder auf den Affekt der Erregung einlassen.

Die früher und in vielen Teilen der Welt noch heute übliche verabredete und nützlichkeitsorientierte, von Eltern oder Heiratsvermittlern arrangierte Beziehung schien gegenüber der romantischen Liebesbeziehung ausgestorben zu sein. Aber mit dem Onlinedating ist die Möglichkeit, eine Partnerschaft ernsthaft systematisch, vernünftig kriterienbasiert und unter einer algorithmusbasierten Auswahl zu arrangieren, gestiegen. So systematisch, wie unterschiedliche Interessengruppen auch langfristige Beziehungswünsche organisieren können, ging es vorher kaum. Eine sehr große Frau kann sehr große Männer viel gezielter finden, ja sogar entscheiden, ob sie auswählen oder ausgewählt werden will. Vorlieben und kulturelle Werte können vorausgewählt werden, selbst Wohlstandswünsche können tabellarisch auf manchen Plattformen angegeben werden, Verdienstkategorien und Wertekosmen.

Die Spannung, die das herkömmliche zufällige und zunächst uneindeutige Kennenlernen an realen Orten der Welt erzeugt, wird durch Dating-Apps in einen systematischen Auswahlprozess nach festen Kriterien verwandelt. Es gibt zwar auch beim digitalen Kennenlernen den erregenden Affekt der »Liebe auf den ersten Blick«. Der wird jedoch durch die Apps um Überlegungen und analytische Faktoren ergänzt, die eine künftige Zweisamkeit systematisch ausloten.

Um die Dynamiken und Potenziale der Dating-Apps zu begreifen, stehen für mich Fragen nach dem Erleben und der Gestaltung der Erlebnisräume im Zentrum. Gegenüber herkömmlichen Arten des Kennenlernens haben digitale Plattformen das Potenzial, die Resonanz in ihren Affekträumen enorm zu verstärken. Sie machen die Suche nach einem Partner berechen- und nachvollziehbar. Genauer gesagt wird die Intensität der Affizierung von Bildern und anderen Inhalten berechenbar, weil es über die Klickraten, die Reaktionen und Interaktionen analysierbare Faktoren gibt, die Resonanz messbar machen.

Die darüber erlebte Erregung ist im Resonanzraum der Dating-Apps zwangsläufig intensiver, weil schon allein die Anzahl und die Frequenz der Wischgesten und Klicks einen viel höheren Durchsatz an möglichen Kandidaten zulassen als bei konventionellen Kennenlernabläufen.

Signatur-Handlungen

Dating-Apps lösen jeweils Signatur-Handlungen aus. Am bekanntesten ist das spontane Nach-rechts- oder Nach-links-Wischen der angebotenen Kandidat:innen bei der Datingplattform Tinder. Deren Name bedeutet auf Deutsch »Zunder« oder »Anmachholz«, was schon in Richtung des Erregungspotenzials weist. »Es beginnt mit einem Swipe«, las ich kürzlich auf einer Tinder-Werbung. Nur ein bisschen initiale Erregung und eine kleine Handbewegung reichen aus, um diese Geschichte emotional ganz groß enden zu lassen – wie beim berühmten Flügelschlag des Schmetterlings, der Stürme auslösen können soll.

Wegen solch starker Versprechen schauen Hunderttausende Menschen jeden Tag aufs Handy und »wischen« Personen, die ihnen nicht spontan zusagen, nach links – während Männer und Frauen der Kategorie »Gefällt mir« nach rechts wandern. Dieser selektierende Bewegungsablauf, der allein bei Tinder pro Tag vier Milliarden Menschen bewertet, ist zum Dreh- und Angelpunkt des affektiven Arrangements von Onlinedating und damit zur Signatur-Geste der ganzen Branche geworden.

Letztlich stellen Dating-Apps eine Schicksalslotterie in Aussicht. Das lässt die Erregungskurve steil nach oben schnellen. Der Ausgang der sehnsüchtigen Antizipation ist jedes Mal wieder so aufregend unbekannt wie bei einer Jackpot-Verlosung. Bleibt es bei einem langweiligen Chat? Landet man angeschwipst zusammen im Bett? Endet alles im Herzschmerz? Bindet man sich vielleicht schon beim ersten Drink dauerhaft und hat bald Kinder? Das Schicksal winkt von der anderen Seite herüber.

Datingplattformen sind krasse Zukunftsmaschinen. Ihre Erlebnisräume sind affektiv so faszinierend, weil sie sich als maximal offene Möglichkeit unterschiedlicher Zukünfte präsentieren. Endet ein »Rechts-Swipe« mit Leidenschaft, Liebe auf den ersten Blick, nerviger Irritation oder einem kurzweiligen Abenteuer? Ich weiß es erst mal nicht – und gerade das macht mich so heiß! Diese Achterbahnfahrt auf der wilden Maus der Gefühle rufen die Apps immer wieder ab – und lassen User:innen immer wieder neu für ihr künftiges Liebesleben hoffen und bangen.

Mit Signatur-Handlungen gehen Herzklopfen oder aber emotionslose Aussortierung einher – egal, ob es dabei um die Suche nach schnellem sexuellen Kontakt oder darum geht, den Partner fürs Leben zu finden. Diese Signatur-Affekte sind stets kalkuliert eingebettet in das Erregungsmanagement der Apps. Um sie effektiv zu organisieren, müssen die Designer solcher Apps die uralten Erlebnismuster des menschlichen Paarungsverhaltens analysieren und gezielt aktivieren.

ADAM UND EVA
Paradiesisches Versprechen

»Alle 11 Minuten verliebt sich ein Single«, lautete das Versprechen der 2010er-Jahre in der immer wieder neu aufgelegten Kampagne der Vermittlungsplattform Parship. Die Botschaft war: Der Stress lohnt sich, und unsere Kunden sind zufrieden. Sogar eine Art Garantie auf das Verlieben wurde hier gegeben.

Von den Werbeflächen lächelten damals große Porträts von Frauen und Männern in den Mittdreißigern, gesund, gebräunt und schön. Die Singles waren ansprechend austauschbar. Gut gelaunte Frauen mit glatter Haut und tief ausgeschnittenen Tops, Männer mit leicht verwegen wirkendem Dreitagebart. Auf keinen Fall eckten die Körper oder Gesichter irgendwie an – es fehlten jegliche Hinweise auf Subkultur, Tattoos oder sonstige individualisierende Merkmale.

Parship ist es gelungen, sich mit einem Markenversprechen an den Ursprung aller Paarbeziehungen »heranzuerzählen«. Es wurde hier subtil auf *den* Ursprungsmythos heterosexueller Liebe gesetzt: auf Adam und Eva. Damals fungierte bei Parship das Sichverlieben als affektives Versprechen, das paradiesische Vervollkommnung verhieß. Liebe gut, alles gut – bis dass der Tod euch scheidet.

DER WEG IST DAS ZIEL
Perma-Dating als Selbstläufer

Doch dann begann einige Jahre später jene heiße Verführung durch immer mehr, immer niedrigschwelligere Dating-Apps, die User:innen mit dem Gefühl lockten, dass da draußen immer noch jemand Besseres auf sie wartet als das Date, das man gerade am Start hat. Eine Art Perma-Dating wurde darüber in der digitalen Anbahnung zum Selbstläufer ohne Ziellinie, vergleichbar etwa dem Day-Trading am Finanzmarkt. Und mit dieser substanziellen Änderung der Affekt- und Erregungsmechanik ist heute nicht mehr ausschließlich die langfristige Bindung erstrebenswert, sondern genauso das Daten selbst. Den Weg zur Liebe zu erleben ist nun eher das Ziel geworden als das Erlebnis Liebe selbst.

Parship scheint mir mit dem neuen Slogan »Let's date happy« den Anschluss an diesen neuen Trend zu suchen. Der Dating-Erlebnisraum der Plattform spitzt sich auf den Affekt einer vergnüglichen Dauererregung zu. Damit wurde ein affektives Framing gewählt, das schon wesentlich unverbindlicher das Ziel ausruft, sein Glück in der Dauerschleife wechselnder Partner zu suchen.

Bei der Dating-App Feeld stoße ich auf einen auf interessante Weise alternativ gedrehten Erlebnisraum als Versprechen. »For journeys, not destinations« ist hier der Vermarktungsslogan. Er macht von vornherein klar, dass Dating auf dieser Plattform die Dauerschleife verfolgt und nicht eine lineare Reise zum Endbahnhof des zweisamen Glücks. Der Signatur-Affekt dieser App ist damit eindeutig Neugier. »Feeld is a dating app for the curious«, heißt es in der Selbstbeschreibung. Und auch die Zielgruppe wird dort als wagemutige Nischentruppe mit besonderen sexuellen Ausrichtungen definiert. »Those open to experiencing people and relationships in new ways. Polyamory, consensual non-monogamy, homo- and heteroflexibility, pansexuality, asexuality, aromanticism, voyeurism, and kink are just a few of the sexual identities and desires that make up the Feeld community.«

STRESSMANAGEMENT

Das Versprechen, Scham und Frust zu lindern

Dating-Apps strukturieren Interaktion. Als Regler und Vermittler mildern oder verstärken sie Affektzustände. Die Apps müssen sich deshalb zwangsläufig um mehr kümmern, als den Affekt des Verliebens auszulösen. Denn tatsächlich ist Dating auch mit Stress verbunden. Immerhin stehen hier gefühlsmäßig ein paar Wagnisse auf dem Spiel. Viele Menschen haben auch Schlechtes beim Onlinedating erlebt, was zu Frust und Enttäuschung führt und den Selbstwert untergräbt.

So kann man zum Beispiel geghostet, also ohne Kommentar abrupt wieder verlassen werden. Man kann auf ein Datingprofil mit gefälschten Bildern oder Angaben hereinfallen. Ohne Frage lieferte die Anbahnung romantischer Beziehungen auch schon vor der breiten Nutzung der Datingplattformen, etwa durch die eingangs erwähnten Kontaktanzeigen, ein Auf und Ab der Gefühle. Durch die massenhaft verfügbar gemachte Vielfalt möglicher Partner:innen und Flirts sowie das schnelle Vermittlungsmedium App, aber auch die größere Gefahr, Enttäuschungen zu erleben, dürften sich die gefühlsmäßigen Ausschläge jedoch noch vergrößert haben.

»Onlinedating ist salonfähig«, postuliert die Parship-Website derzeit. »Gleichzeitig sorgen Unverbindlichkeit und schlechte Umgangsformen auch für Frust und Selbstzweifel. Parship ruft nun zu einem Umdenken auf und strebt ein Dating an, das allen Beteiligten guttut.« Auch hier wird klar markiert, dass Sichverlieben nicht mehr der ausschließlich ausschlaggebende Affekt moderner Partnerbörsen ist. Vielmehr positioniert man sich nun als Plattform für niveauvolle Verabredungskultur und lädt ein, einer Art Werte-Community beizutreten, die ein respektvolles Miteinander im Erlebnisraum des Datens kultiviert.

dEEP DIVE

Narrative und affektive Arrangements von Dating-Apps

Da Dating-Apps letztlich alle das gleiche Produkt verkaufen, konkurrieren sie stark, was die Markendifferenzierung strategisch entscheidend werden lässt. Hier eine Übersicht, welche Versprechen, Narrative und Affekte hinter den Positionierungen stehen:

- **TINDER:** »Es beginnt mit einem Swipe« ... aber wohin die Begegnung führt, ist ungewiss. Also bleibe zukunftsneugierig.
- **PARSHIP:** »Let's date happy« ... statt frustriert zu werden. Dating wird mit Parship wieder zum respektvollen und niveauvollen Erlebnisraum anstatt zur Enttäuschung.
- **HINGE:** »The dating app designed to be deleted« ... denn Hinge garantiert dir, einen Partner oder eine Partnerin zu finden, mit dem du langfristig »happily ever after« sein wirst. Hinge liefert dir das ultimative Legitimationsgefühl, das dich überzeugt, warum es überhaupt sinnvoll sein könnte, Zeit auf diesen nervigen und peinlichen Dating-Apps zu verbringen. Und ja, schnellen Sex sucht hier niemand.
- **OKCUPID:** »Bessere Matches für alle!« ... also vertraue einfach unserem Algorithmus, der Menschen findet, die so sind wie du – und du kannst auf Resonanzerleben hoffen. Schlechte Matches und damit schlechte Dates gibt es ja schon auf allen anderen Dating-Apps.
- **FEELD:** »A dating app for the curious« ... hier dreht sich alles um Neugier an experimentellen sexuellen Erfahrungen.

Das übergeordnete Ziel ist es offenbar, den affektiven Erwartungsraum neu zu definieren und abzustecken. »Lasst uns Dating einen Neustart verpassen«, das scheint die Botschaft der jüngsten Parship-Kampagne zu sein.

Dem affektiven Anspruch »Let's date happy« werden dabei Reparatur- oder auch Rehabilitationsnarrative des »Healthy Dating« zur Seite gestellt. Offenbar sollen sie einer Wahrnehmung entgegenwirken, die Verabredungskultur rutsche vollends in die Verrohung ab. Damit holt Parship vor allem Menschen ab, die vom Onlinedating enttäuscht und frustriert wurden.

DNA-Abgleiche, Holografien und Abchecken mit allen fünf Sinnen

Aber wen trifft man eigentlich auf Datingplattformen? Knapp 80 Prozent der 16- bis 29-jährigen Internetnutzer haben nach eigenen Angaben schon einmal online gedatet. Zwei Drittel waren es noch bei den 30- bis 49-Jährigen sowie noch knapp jeder Vierte in der Gruppe über 65 Jahre. Großstädter und ihre kulturellen und sozialen Milieus dominieren die Nutzung der affektiven Arrangements der Datingplattformen.

Zur Erregung genutzt werden sie von den polyamourösen Hedonisten, experimentierfreudigen Expats und Influencerinnen in Berlin genauso wie von sportbegeisterten Studierenden in Köln oder statusbewussten Unternehmensberatern in Frankfurt. Jeweils lokale Kulturen mögen die Art und Weise beeinflussen, wie sich Nutzer:innen online darstellen und welche Erwartungen sie an potenziell vermittelte Partner:innen stellen. Dies wirkt sich aber so gut wie nicht auf die Erwartungen bezüglich der Affektmöglichkeiten aus, welche die Apps und Plattformen erfüllen müssen.

Dating-Apps haben die Dynamik des Kennenlernens und Verliebens dramatisch verändert. Sie haben massiv dazu beigetragen, neue Erlebnis- und Gefühlsräume zu gestalten. Ihre Zielgruppenansprache und ihr Leistungsspektrum haben sich immer weiter verfeinert. Von den Neugierigen bis zu den Frustrierten, von den Romantikern bis zu den notorisch Date-Süchtigen, die nur kurzfristige Begegnungen anvisieren.

Im inzwischen stark besiedelten Markt für Dating-Apps geht es darum, die Zielgruppen affektiv genau zu identifizieren und sie maßgeschneidert anzusprechen. Aber auch Unternehmen, die ganz andere Produktsegmente anbieten und auf den ersten Blick nichts mit der Welt des Datings zu tun haben, können an diesem Beispiel lernen, wie sorgfältig die Gefühls-, Erzähl- und Erlebnisebenen von Marken gesteuert werden müssen.

Wie könnte angesichts sich rasch entwickelnder Technologien wie künstliche Intelligenz und Augmented oder Virtual Reality die Zukunft des digitalen Datings aussehen? Wie verabreden sich Männer und Frauen in 20 oder 30 Jahren?

Die Datenleitungen sind superstark geworden. Menschen öffnen Apps, die vollholografische Testdates vom heimischen Sofa aus erlauben. Die Wissenschaft wird die Gene kennen, die Menschen sich gegenseitig attraktiv finden lassen. Apps werden also DNA-Abgleiche zwischen Nutzer:innen standardmäßig anbieten. Und über tragbare Gadgets werden wir alle fünf Sinne nutzen können, um unseren Traumpartner zu emulieren und schon mal abchecken zu können. Ob das unsere jahrtausendealten Erregungsaffekte alles mitmachen werden – ich habe Zweifel. Aber zur guten alten Kontaktanzeige führt auch kein Weg mehr zurück.

Learnings

Was du von Dating-Apps über Resonanz, Signatur-Affekte und intensivierende Dramaturgie lernen kannst:

1. Verstehe die Landschaft des Erlebens

Affektive Situationen wie die Erregung beim Kennenlernen sind tief in der menschlichen Erfahrung verwurzelt. Vom Erröten über das Kribbeln bis hin zu Tagträumen – solche Erlebnisse gibt es seit jeher. Es ist daher sinnvoll, die zugrunde liegenden Muster zu erforschen, um zu verstehen, wie Erleben ausgelöst, konditioniert und kontrolliert werden kann. Kartiere die affektiven Trigger deiner Marke und erkunde die zugrunde liegenden Affektmuster, um sie gezielt einzusetzen. Heute bieten sich technische Möglichkeiten, Affekte neu zu organisieren und Emotionen anders zu erleben. Übertrage diese Erkenntnisse auf deine Marke, indem du disruptive Potenziale entdeckst. Liebe, Politik und Genuss haben inzwischen digitale Komponenten, mediale Aspekte und kommunikative Erlebensdimensionen. Überlege, wie neue Technologien und digitale Plattformen Affektmuster beeinflussen, und integriere diese in deine Strategie.

2. Nutze Signatur-Affekte

Identifiziere Schlüsselmomente: Bestimme die entscheidenden Erlebnisse für deine Marke und gestalte diese gezielt, um affektive Höhepunkte zu schaffen. Setze affektive Trigger ein: Strukturiere Sinneswahrnehmungen mittels wirksamer Affekttrigger, um erinnerungswürdige Markenerlebnisse zu gestalten. Bei vielen Dating-Apps ist es beispielsweise der Moment des »Matches«, der einen emotionalen Höhepunkt darstellt.

3. Organisiere die Affektbalance

- **DOSIERUNG DER AFFEKTE:** Sorge dafür, dass die Intensität eines Affektes nicht zu schnell ansteigt oder zu lange anhält, um eine Überforderung deiner Zielgruppe zu vermeiden.

- **TIMING DER HÖHEPUNKTE:** Achte auf das Timing der emotionalen Höhepunkte, um sicherzustellen, dass sie im richtigen Moment zur Wirkung kommen und den gewünschten Effekt erzielen.

euphorie-AFFEKt

cases

Euphoriequelle Fußball
Wie Klopp und Co. Fußball-gefühle organisieren, ord-nen und kommunizieren

FUSSBALL IST EIN KRISTALLISATIONSPUNKT FÜR AUSGEPRÄGTE EMOTIONEN. Das affektive Arrangement des Fußballs als Gesamtidee wird am effektivsten durch die Trainerpersönlichkeiten verkörpert, die Euphorie und Begeisterung hervorrufen, organisieren und weit über die Stadien hinaustragen können. Fünf Beispiele zeigen, wie sehr es auf die »Trainermarke« ankommt.

Ein bedeutender Teil des Erfolgs im Fußball entfaltet sich hinter der Seitenlinie, wo Trainer mit genau justierten Regiestilen die Schlagkraft ihrer Spieler und Teams, den sportlichen Erfolg und damit die mediale und gesellschaftliche Wahrnehmung und Wirkung des gesamten Fußballsports gestalten. Mit klug gewählten Spieltaktiken, einer bestimmten Kaderauswahl, einem individuell gestalteten Club- oder Teamimage oder auch einem bestimmten persönlichen Medienverhalten können sie Fans und die weitere fußballinteressierte Öffentlichkeit so begeistern, dass deren Gefühlshaushalt auch im Alltag nachhaltig euphorisch grundiert wird.

Trainer können Enttäuschung und Niederlage wenden in Auferstehung und Rückgewinnung. Sie können und müssen taktisch sein, klug, effizient, manchmal auch unpopulär – um die Chance zu optimieren und am Ende zu gewinnen. Wahre Trainerkompetenz wird vor allem an Wendepunkten und in schwierigen Situationen deutlich. Bei der Frage, wie man nach vier Niederlagen in Folge wieder gewinnen kann. Wie man Stürmern mit Torschusshemmung neues Selbstvertrauen einflößt. Wie man im Angesicht einer drohenden Niederlage durch eine geschickte Einwechslung den Spielfluss dreht. Wie man die immer wieder gleiche Ergebnissituation nach außen erklärt. Dass man gerade verdient gewonnen oder unverdient verloren hat. Was an dieser

Partie heute so speziell war. Verlangt ist in diesen Situationen von Trainern, einen Gefühlsmoment zu schaffen, auch vorzufühlen und vorauszudenken, welche Stimmungen noch entstehen könnten.

Letztlich ist der Trainer derjenige, der den Kern des Affektarrangements Fußball organisiert und im Griff behält. Er klärt den taktischen Hintergrund, geht aber auch auf allgemeine Gefühlswahrnehmungen ein, die längst nicht auf sachlich-sportliche Fakten, Machbarkeiten und Entscheidungen beschränkt sind. Ich finde es daher nicht erstaunlich, dass Trainerpersönlichkeiten auch selbst affektiv beschreibbar sind. Sie pflegen Merkmale und Charaktereigenschaften, die für uns jenseits der rein sportlichen Ebene erlebbar, wiedererkennbar und emotional entschlüsselbar sind.

Ich schlage vor, im modernen Vereins- oder Nationalmannschaftsfußball nach insgesamt fünf Grundtypen zu unterscheiden. Die bekannten Erfolgscoaches Carlo Ancelotti, Jürgen Klopp, José Mourinho, Pep Guardiola und Christian Streich sind für mich in dieser Kategorisierung relevante Archetypen. Sie alle sind erfolgreich mit der Art, wie sie den Fußball interpretieren, wie sie sich in der Coachingzone und der Öffentlichkeit verhalten und mit welchem persönlichen Image sie uns begeistern.

TYP 1: CARLO ANCELOTTI
Gelassenheit und viel Kaugummi sind euphoriefähig

Der Italiener Carlo Ancelotti ist medial bekannt als der kauende Stoiker, der immer die Ruhe behält. Damit hat er als bislang erfolgreichster Coach der Champions League fünfmal diesen Titel gewonnen sowie als bisher einziger Trainer die Meisterschaft in allen fünf europäischen Topligen.

Sein »Signature Move« sind eindeutig die meditativ wirkenden Kaubewegungen am Spielfeldrand, die ihn für viele Menschen zu einem Vorbild für unaufgeregten Erfolg machen. Während eines Spiels zerkaut Ancelotti durchschnittlich 14 Kaugummis, ein Ritual, das seine Kiefermuskulatur stärkt und den Stress in der Coachingzone minimiert. Selbst bei umstrittenen Schiedsrichterentscheidungen, anfängerhaften Abwehrfehlern seines Teams oder wenn eine Torchance im gegnerischen Sechzehnmeterraum »auf dem Fuß liegt« und doch vorbeigeht, bleibt Ancelotti beherrscht und kontrolliert in einer aristokratisch wirkenden Contenance und Disziplin. Allenfalls seine berühmte hochgezogene Augenbraue lässt er dann emotional sprechen.

Wie kann jemand, der so gestimmt ist, den Affekt der Euphorie entzünden, der sich auf Spieler und Fans übertragen soll? Ancelotti argumentiert, dass nur ein besonnener Ansatz Vertrauen und Stabilität schafft, sowohl auf dem Spielfeld als auch im Verein und erst recht in der medialen Wahrnehmung. Der Italiener baut daher außergewöhnlich vertrauensvolle Beziehungen zu seinen Spielern und Mitarbeitenden auf. Empathie spielt eine zentrale Rolle in seinem Führungsstil, da er darauf achtet, die individuellen Bedürfnisse und Emotionen seiner Spieler genau zu verstehen, zu respektieren, sie damit aber auch taktisch exakt einsetzen zu können. Ancelotti legt großen Wert auf Kommunikation und Zuhören, um ein positives und unterstützendes Teamumfeld zu schaffen. Diese engen Beziehungen sind für ihn entscheidend, um das Beste aus jedem Spieler herauszuholen und ein harmonisches Team zu formen. Ancelotti ist ein Trainer, der vor allem immer wieder Resonanzmomente sucht, um eine starke Bindung herzustellen.

Im emotionalen Dauerausbruch die Welt mitreißen

Anhänger der Temperamentenlehre würden wohl Jürgen Klopp als Ancelotti diametral entgegengesetzten Charaktertyp einsortieren – irgendwo zwischen Sanguiniker und Choleriker. Authentizität und die scheinbar endlos vorhandene Fähigkeit, sich den unmittelbaren Emotionen des Fußballsports hinzugeben, haben nicht nur die von Klopp trainierten Teams zu Höchstleistungen angetrieben, sondern auch ihn selbst zum mitreißenden Publikumsmagneten gemacht.

Wie löst der ehemalige BVB-Trainer und Starcoach des FC Liverpool in der Kabine, am Spielfeldrand und in Pressekonferenzen Euphorieaffekte aus? Klopp ist ein Energiebündel, das immer wieder zu explodieren droht. Er sendet Emotionen, taktische Anweisungen und seine Begeisterung für das Geschehen auf dem Rasen ungefiltert in die Welt. Wird es auf dem Spielfeld emotional, umstritten, bösartig oder auch erfolgreich, weiten sich Klopps Augen unter hochgezogenen Brauen. Der Blick fokussiert sich dann oft durchdringend auf einen bestimmten Punkt oder eine Person. Ein vorgeschobener Unterkiefer entblößt die untere Zahnreihe. Und während an den Mundwinkeln Muskeln in alle Richtungen zerren, bringen die Halsmuskeln und geschwollenen Adern die Knöpfe am Trikot fast zum Platzen.

Klopps Interviews sind legendär, besonders wenn er die Standardfragen der Moderatoren mit frecher Intelligenz oder spitzem Humor pariert. Das bringt auch dem Spielstil der von ihm trainierten Mannschaften die Sympathien von Fans und Öffentlichkeit ein. Von der Coachingzone aus schreit er die Schiedsrichter an und lebt jede

179

Sekunde des Spiels intensiv mit. Klopp ist ein Fußball-Leader, der sein Herz auf der Zunge trägt. Und er ist der medial vermutlich sichtbarste Toptrainer, gerade weil er so unterhaltsam und für viele Menschen charakterlich greifbar ist.

TYP 3: PEP GUARDIOLA

Dechiffrieren und mit Taktiken begeistern

In den antiken Koordinaten der Naturelle würde der Spanier Pep Guardiola wohl als ein Hybrid zwischen Melancholiker und Phlegmatiker geführt. Der Spanier repräsentiert den kopflastigen Tiefenanalytiker und stillen taktischen Revolutionär des Ballsports, der sich nach außen als eine entspannte Fine-Dining-Persona in elegantem Tuch zeigt. Als feingeistiger Fußballphilosoph positioniert, trägt Guardiola oft Rollkragenpullover oder Maßanzug mit Krawatte und sieht dabei auch am Spielfeldrand und in den heißesten Phasen einer Partie so aus, als ob er auf seinem Nachttisch Sartre liegen hat, von dem er sich vor einem wichtigen Spiel noch die letzten taktischen Inspirationen besorgt.

»Decode the Game« ist Guardiolas Strategie, die auf Köpfchen, Analyse, aber ganz wesentlich auch auf das Schöne setzt – ein Stil, den Millionen Fans als den effektivsten Ansatz zum Erfolg im Fußball feiern. Entsprechend denkt und entscheidet Guardiola im System einer fein ziselierten Taktik, die er zum Nukleus einer Euphorisierung der Spieler, Fans und der weiteren Gesellschaft macht.

Das taktische Herz dieser Fußballphilosophie ist der Ballbesitz, der dem Team Kontrolle über das Spielfeld und den Gegner einbringen und ein Maximum an Torchancen generieren soll. Guardiolas Spielsystem ist damit auf totale Dominanz und Sieg ausgerichtet und der Erfolg

in der euphorischen Wahrnehmung der Öffentlichkeit bei so viel ge-
danklicher Vorbereitung die unvermeidliche Folge.

TYP 4: JOSÉ MOURINHO
Einmal Badass, immer Badass

José Mourinho stellte sich im Juli 2004 nach dem sensationellen Ge-
winn der Champions League mit dem FC Porto bei seinem neuen Klub
FC Chelsea mit den Worten vor: »Bitte nennt mich nicht arrogant – aber
ich denke, ich bin ›the special one‹.« Seither positioniert sich Mourinho
in den Augen der medialen Öffentlichkeit als kontroverses, intelligen-
tes und gerissenes Schlitzohr, das über Polarisierung Euphorisierung
für seine unkonventionelle Art des Coachings und der Spielweise her-
beizuführen vermag.

Als eine der umstrittensten Trainerfiguren im Fußball verstößt
der Portugiese in seinen Äußerungen und Handlungen gerne und häufig gegen das Fairplay-Ideal, dem sich das Spiel auf dem Rasen eigentlich verschrieben hat. Oft auf einen Vorteil bedacht, schreckt er nicht
vor dem Ausnutzen von Schlupflöchern, sogar unlauteren Mitteln,
skandalträchtigen Kommentaren und verrückten Aktionen hinter der
Seitenlinie zurück.

Mourinho verbindet dieses »Badass«-Image jedoch mit einer
scharfsinnigen und viele Fans begeisternden Spielanalyse. Seine taktischen Ableitungen basieren auf schnörkellosem Realismus, der Ergebnisse weit über Ästhetik stellt. Dieser Spielansatz ist bekannt für
ausgeprägtes Taktieren und Psychospielchen. Er macht Mourinho zu
einem der sportlich erfolgreichsten Trainer, der zentral auf eine starke
Defensivstruktur und effektive Konterfähigkeit setzt. Seine leicht frag-
würdige Art der Affizierung findet ihr Massenpublikum weit über die

181

Stadien hinaus, weil es sich auch mit einem solchen Trainercharakter gut identifizieren kann.

Euphorisierung durch »am Boden bleiben«

Einer, der im deutschen Fußball schließlich einzigartig hervorsticht, ist Christian Streich, der scheidende Trainer des SC Freiburg. Ihm gelingt es als Einzigem, auch im internationalen Vergleich, Menschen weit über den Stadionzaun hinaus durch solide Bodenständigkeit zu euphorisieren.

Streichs Ansatz ist so massenwirksam, weil er wohl am meisten von allen hier diskutierten Trainerpersönlichkeiten auf fast schon altmodische Weise auf bewährte Fußballwerte wie Authentizität, Leidenschaft, Fleiß, Loyalität zum Verein sowie enge Verbundenheit mit Spielern und Fans setzt. Es sind solch traditionelle Akzente, die den ehemaligen Freiburg-Trainer in einer Welt der superlativen Transfersummen im täglichen Multimillionengeschäft Fußball weit wegrücken lassen von peinlichem Protz, Extravaganz, Skandalen, Bling-Bling, vergoldeten Steaks und sonstigem fragwürdigen Fußballerluxus.

Der Mann aus Weil am Rhein verließ den FC Freiburg zum Beispiel erst nach mehr als zwölf Jahren als Trainer und zählt damit zu den fünf langlebigsten Coaches des deutschen Fußballs. Obwohl er noch nie einen großen Titel geholt hat, schaffte er es, die Sympathien all die Jahre auf seiner Seite zu halten und die richtigen Fanaffekte zu mobilisieren. Dabei setzte er auf ehrliche Kommunikation, emotionale Intelligenz und Respekt.

Diese Werte prägen nicht nur den Verein und die Spielweise des Teams, sondern auch die gesamtgesellschaftliche Ausstrahlung des

SC Freiburg. Ähnlich wie sein Kollege beim FC Heidenheim, Frank Schmidt, der 2024 die Tabelle der Trainerlanglebigkeit mit gut 16 Jahren am Stück anführt, musste Streich überwiegend mit jungen Talenten arbeiten, die der Verein sich noch leisten konnte, um durch eigene Entwicklungsarbeit dann sportlich das meiste aus ihnen herauszuholen.

Damit werden Fangemeinde und Öffentlichkeit bei Freiburg Zeugen einer handwerklich soliden und nachhaltigen Personalentwicklung, die von außen als vernünftig und maßvoll wahrgenommen wird und zur Einkaufspolitik der großen Vereine kontrastiert, die viel stärker durch Maximen wie »Versuch und Irrtum«, »Hire and Fire« sowie »Hauptsache Trophäen-Spieler« geprägt ist.

Streich steht jedoch nicht nur für den sportlichen Erfolg seines Vereins, sondern auch für ein Fußballethos, das über die Rasenkante hinausragt. Er fungiert im Grunde als das Gewissen der Bundesliga, das seinen moralischen Kompass immer richtig eingestellt hat und das »gute Spiel« in allen Dimensionen verkörpert.

Fußball ist für Streich auch ein Ort, an dem Verantwortung übernommen werden muss. Sein Aktivismus gegen Rechtsextremismus ist bekannt, und er kommuniziert ihn auch sehr überzeugend. Er fühlt eine besondere Zuständigkeit, seine Stimme zu erheben, hat viel über die Entstehung des Nationalsozialismus in Deutschland gelesen und mit Zeitzeugen gesprochen. »Ich verstehe, wie totalitäre Systeme funktionieren und wie sie entstehen. Dieses Wissen muss weitergegeben werden. Als ich jung war, sah ich die stummen Männer um die fünfzig, die in Stalingrad waren. (...) Wer jetzt nicht aufsteht, der hat nichts verstanden. (...) Es kann keiner mehr sitzen bleiben. Das ist völlig ausgeschlossen«, sagte Streich kürzlich in einem Interview. Ein so klares

Statement hat es im deutschen Fußball bisher nie gegeben. Nicht nur ist es politisch stark – es schafft ebenso Nähe und affiziert nicht nur die Fans, sondern erzeugt auch Aufmerksamkeit außerhalb des Fußballs.

Das ist bemerkenswert, denn viele Fußballer und Trainer verlieren nach Jahren in den klinischen Akademieräumen durchgetakteter Profivereine den Blick für das Außen. Sie werden zu Zahnrädern in einer »Fußballmaschine«, funktionieren innerhalb dieser Struktur, verlieren jedoch den Kontakt zur Realität außerhalb des Spielfelds. Christian Streich bewahrte sich diese Perspektive. Weil er resonant geblieben ist – also offen und neugierig für die Menschen um ihn herum. »Das Ganze war viel größer als das Spiel«, sagte Streich zum Abschied vom SC Freiburg.

Fussball entzündet Affekte
Trainererfolg verbindet Ratio mit großer Affektkompetenz

Wie kaum sonst gibt es im Fußball Anlässe für unmittelbar ausgelebte starke Affekte – positive wie negative. Beispiele sind etwa das Entsetzen über die Klarheit der Elfmeter-Entscheidung eines Schiedsrichters, die Wut über eine rote Karte, ein Pfeifkonzert, Unfairness oder ein Foulspiel auf dem Feld. Ein frühes Tor oder der Rückenwind einer Fankurve sind Quellen spontaner Euphorie, wie das Gefühl, als 16-jähriger Topspieler unbefangen ein paar schnelle und effektive Spielzüge gezaubert zu haben und Weltstars auf dem Platz zu begegnen, die man schon seit der Kindheit verehrt hat. Zu den starken Affekten zählen auch Momente wie der Schock der brasilianischen Fußballnation über die dramatisch hohe Niederlage gegen Deutschland im Halbfinale der WM 2014. Oder dieses besondere Gefühl der Deutschen, 2006 im eigenen Land »Weltmeister der Herzen« geworden zu sein.

Für den Coach ist die eine Seite die Entwicklung einer Taktik, die mathematisch genau in Form von Standardsituationen auf dem Platz umgesetzt werden kann. Es geht darum, geplante Spielzüge in Varianten und Kombinationen zu trainieren und darüber Klarheit zu haben, wann dieses Können abgerufen werden muss.

Die andere Seite echter Trainerkompetenz ist es, mit Gespür für bestimmte Momente Instinkte so modulieren zu können, dass die Sensorik einfach unmittelbar und ohne nachzudenken Leistung von den Spielern abrufen kann. Spontane Instinkte zu trainieren ist kein Widerspruch, sondern etwas, das wir täglich automatisch tun, indem wir Alltagserlebnisse zu Lebenserfahrungen verdichten.

Die vorgestellten Toptrainer sind zwischen der Welt der trainierten Spielzüge, planbaren Trainingseinheiten, systematischen Spieleranalytik und der Welt von affektiven Arrangements und Resonanzen, von Erkennbarkeiten und Aktivierbarkeiten sehr erfolgreich tätig – in einer Welt zwischen Überlegung und Emotion.

Und am Ende sind es doch gerade die geheimnisvollen affektiven Entladungen, Diego Maradonas helfende »Hand Gottes«, Oliver Bierhoffs Golden Goal bei der EM 1996, Manuel Neuers gehaltene Elfmeter – die Dinge, die in besonderer Weise aktivieren, emotional erlebbar und merkfähig sind und hängen bleiben –, die dem Fußball diese unglaubliche Euphoriepotenz geben.

Learnings

Was du vom Fußball über Euphorie, emotionale Intensität und außergewöhnliche Erlebnisse lernen kannst:

1. **Erzeuge Euphorie**

Kombiniere sachliche Planung mit emotionaler Aktivierung. Fußball zeigt, dass erfolgreiche Spielzüge nicht nur durch Taktik und Vorbereitung definiert sind, sondern auch durch spontane, emotionale Reaktionen. Übertrage diese Erkenntnisse auf dein Geschäftsfeld oder deine Marke. Berücksichtige sensorische und emotionale Prozesse: In der Fußballwelt beeinflussen sensorische Reize und emotionale Zustände das Spielgeschehen maßgeblich. Nutze dieses Wissen, um auch in deinem Arbeitsumfeld die sensorischen und emotionalen Dimensionen von Erlebnissen und Entscheidungen zu integrieren.

2. Biete einen Zusammenhang zwischen Fühlen und Handeln an

Verstehe und nutze affektive Trigger: Im Fußball sind emotionale Höhepunkte wie ein entscheidendes Tor oft eng mit spezifischen Ereignissen verknüpft. Identifiziere solche Zusammenhänge in deinem Bereich und nutze sie, um gezielte Reaktionen und Handlungen zu fördern, die deine Ziele unterstützen.

3. Schaffe spezielle Erlebnisse – und Erinnerungen

Gestalte außergewöhnliche Erlebnisse: Fußball bietet unvergessliche Momente, die durch besondere Ereignisse oder Siege geprägt sind. Kreiere auch in deinem Umfeld besondere Erlebnisse – sei es durch innovative Projekte, erfolgreiche Teamevents oder kreative Initiativen. Solche Erlebnisse schaffen langfristige positive Erinnerungen und eine starke emotionale Bindung. Nutze affektive Bindungen, um die Motivation zu steigern: Die emotionale Kraft von Erinnerungen kann Teamgeist und Motivation stärken. Übertrage diese Erkenntnisse auf dein Arbeitsumfeld, um durch besondere Erlebnisse und Erfolge eine tiefere Verbindung und Motivation innerhalb deines Teams oder zu deinen Kunden zu fördern.

Würde und Selbstachtung
The Bear – Affektive Strategie in der Restaurantküche

STIMULIERENDE AFFEKTIVE ARRANGEMENTS machen aus Arbeitsplätzen Erlebniswelten, die Mitarbeitende und Führungskräfte
gleichermaßen zum Ziel führen. Gefühle und Rationalität gilt
es dabei angemessen zu mischen, um eine Kulturtransformation zu bewirken. Carmy in der Serie *The Bear* macht es vor.

Die Dämmerung legt sich im Sommer spät über Hamburg. Um 20 Uhr
betrete ich ein kleines georgisches Restaurant in St. Pauli. Freunde
haben es empfohlen und erwarten mich dort schon zu einem gemeinsamen Abendessen. Gleich hinter dem Eingang fällt mein Blick durch
eine halb offen stehende Tür in die Küche. Routiniert werden dort
Speisen zubereitet, Teigtaschen in hübsche Spiralen gedreht, Soßen
passiert und Salatblättchen auf Tellern zurechtgerückt. Geschirr klap-
pert, es zischt, unterlegt von stetigen Anweisungen der Chefin an ihr
Team.

Für einen Moment fühle ich mich in diese Choreografie einbezo-
gen. Als hätte ich in *The Bear: King of the Kitchen* eine Rolle übernommen,
der US-amerikanischen Serie, die mit Dramatik und Detailtreue entfaltet, wie produktiv eine Küchenbrigade arbeiten kann, wenn der
emotionale Rahmen stimmt.

AFFEKTIVE STRATEGIE
Ein demoralisiertes Küchenteam erlebt sich unter neuer Leitung positiv

Ich kann nicht an mich halten und erzähle meinen Freunden von diesem Eindruck, dass die Serie ein Lehrstück darüber ist, wie die Gestaltung affektiver Arrangements wirkungsvoll Kulturtransformation
nach sich ziehen kann. Meine Freunde rollen die Augen und ducken

sich tiefer hinter die Menükarten. Na gut, vielleicht kennen einige *The Bear* noch nicht.

Wir bestellen, unser Essen kommt, und es entspinnt sich über Teller mit Mtsvadi-Spießen und Kharcho-Eintopf doch noch eine erkenntnisreiche Diskussion. Wir sprechen darüber, wie Resonanz in Teams am besten funktioniert. Wie entscheidend sie bei der Arbeit ist, die ja nur durch intensives Erleben auch motivierend und wirtschaftlich erfolgreich bleiben kann.

Ich schildere der Runde im Schnelldurchgang den Plot. In *The Bear* kehrt der junge, talentierte Chefkoch Carmen Anthony »Carmy« Berzatto der Welt der Michelin-Sterne den Rücken und geht nach Chicago zurück, um die italienische Beef-Sandwich-Bar seiner Familie zu übernehmen. Was er vorfindet, ist das genaue Gegenteil von dem, was er aus der Sternegastronomie kennt: Die Küche ist dreckig, chaotisch organisiert und geprägt von Zynismus und gegenseitiger Respektlosigkeit der Mitarbeitenden. Kein Wunder, dass das Team demoralisiert ist, das Essen fade schmeckt und es an Würde und gemeinsamem Willen fehlt, etwas besser zu machen.

Natürlich trifft Carmy erst einmal auf Widerstand und Veränderungsresistenz bei der Belegschaft. Er kommt dabei sogar nahe an den Punkt, völlig frustriert das Küchenhandtuch zu werfen. Doch als neuer Chef im Sandwich-Laden bringt er nicht nur Kochkünste auf höchstem Niveau mit, sondern auch ein tiefes Verständnis für Affektive Strategien und wie man damit – in der Sprache von Human-Resources-Experten ausgedrückt – einen Change-Prozess zum Besseren einleiten kann.

Respekt und Würde erzeugen das Gefühl, Teil von etwas Größerem zu sein

Carmy macht sich also ans Werk. Er führt ein, was in Sterneküchen üblich ist: klare Anweisungen, professionelle Sprache, eine präzise definierte Arbeitsteilung. Aus passiven Mitarbeitenden werden Verantwortungsträger, die sich auch untereinander mit Respekt und Professionalität ernst nehmen. Seine Mitarbeitenden beginnen Carmy mit »Chef« anzusprechen und markieren damit ihre professionelle Rolle auf Augenhöhe. Sätze wie »Yes, Chef!« und »Well done, Chef!« werden zu immer wieder gehörten Mantras der Serie. Nach und nach entsteht so aus der heruntergewirtschafteten Beef-Sandwich-Kaschemme eine hygienisch, kulinarisch und auch kaufmännisch gut organisierte Küche – weil der neue Führungsstil die richtigen Affekte auslöst und das Team in einem gemeinsamen Resonanzraum zu schwingen beginnt.

Schließlich schmilzt der Widerstand in der Küche. Die Männer und Frauen werden wach, konzentriert, stolz – auf sich selbst, ihre Gemeinschaft und was sie leistet. Neue Rituale wie gemeinsames Essen vor Schichtbeginn schaffen Zugehörigkeit und Fokus auf das gemeinsame Ziel: gutes Essen für die Kundschaft zuzubereiten. Plötzlich erkennen alle, dass sie Teil von etwas Größerem sind und dass ihre Arbeit Bedeutung und Würde hat.

Gemeinsamer Erfolg wird erst durch Emotionen erlebbar

Ich bin der Meinung, dass *The Bear* viel mehr ist als nur eine Serie über das Leben in einer Profiküche. Sie gibt grundsätzliche Einblicke in die Dynamiken von Arbeitsumgebungen aller Art und darin, wie kleine Veränderungen große Auswirkungen haben. Die Schreiber dieser Szenen und Dialoge zeigen letztlich, wie Affektive Strategien und daraus abgeleitete affektive Arrangements eine langfristige Neuausrichtung bewirken können – vorausgesetzt, die richtigen Affekte werden aktiviert: Respekt, Anerkennung, Verständnis, Nahbarkeit, Humor, das Feiern des gemeinsamen Erfolgs. Dieses Arrangement bettet das Team aber gleichzeitig auch produktiv in das tägliche Funktionieren in einer Küche ein, einem Ort, der ohne Hierarchien und Befehlsketten nun einmal nicht auskommt.

Es wird ein Arbeitsort gezeigt, der mit Emotionen nur so beladen ist: Gerade am Anfang schreien sich die Mitarbeitenden gegenseitig an, oder es fließen sogar Tränen – auch bei Carmy. Diese Restaurantküche scheint das Gegenteil von einem gefühlssterilen Büro zu sein, wo vor allem von den Führungskräften noch oft erwartet wird, negativen Gefühlen keinen Raum zu geben, da das die eigene Professionalität konterkarieren könnte.

Moderne Führung ermöglicht am besten Ratio plus Gefühle

In Krisenzeiten, in denen globale Werte wie Frieden und Demokratie zu erodieren scheinen, noch keine effektive Antwort auf Probleme wie den Klimawandel gefunden ist und sich unsere Gesellschaften mitten im dynamischen Wertewandel über die Generationen hinweg befinden, spukt immer noch eine in die Jahre gekommene Formel durch viele Chefetagen. Grob gesprochen lautet sie: Je mehr Krisen es gibt, desto mehr Stärke, Sachlichkeit und argumentative Kompetenz sollten Führungskräfte demonstrieren. Und je mehr Probleme und Komplikationen es gibt, desto mehr nüchterne Argumente und desto weniger Emotionen werden von ihnen erwartet. Die Grundannahme ist, dass nur unter diesen ultranüchternen Bedingungen Lösungen gefunden werden können.

Das Gleiche findet auch oft auf der Ebene der Mitarbeitenden statt. Häufig sagen sie sich noch: Wer im Büro echte, authentische Gefühle zeigt, riskiert, am Arbeitsplatz nicht ernst genommen zu werden. Man steht dann schnell unter dem Verdacht, irrational zu sein, ein defektes Urteilsvermögen zu haben und letztlich unprofessionell zu sein. Emotionalität gleich Schwäche? Aus meiner Sicht ist das eine seltsame Gleichung, bedenkt man, dass unsere Handlungen und Entscheidungen am Arbeitsplatz unvermeidbar immer auch von Gefühlen geleitet werden.

Damit können »New Work«-Generationen nichts mehr anfangen

Für die jüngeren Generationen, insbesondere Millennials und Gen Z, ist der für sie zeitgemäße Arbeitsplatz auf eine starke Erlebniswelt gebaut, in der viele Emotionen stattfinden dürfen – positive wie negative. Gerade diese Generationen legen nun einmal großen Wert darauf, die Sinnhaftigkeit ihrer Arbeit oft bestätigt zu bekommen, und auf Chefs, die nicht nur professionelle, sondern auch persönliche Werte widerspiegeln. Als Teil einer »New Work«-Ethik bevorzugen sie eine Arbeitsumgebung, in der Gefühle und menschliche Beziehungen als Stärke und nicht als Hindernis für Erfolg erlebt werden können.

In vielen Firmen herrscht gemessen an diesen Ansprüchen noch ein unterkühltes Klima, in dem Emotion und Nahbarkeit zu wenig Raum bekommen. Die Interaktionen zwischen Mitarbeitenden und Führungskräften sind in diesen Fällen auf das Wesentliche reduziert, ohne dass persönliche Aspekte darin Platz finden. Eine so affektarme Umgebung fördert »Dienst nach Vorschrift«. Mit der Zeit gehen die Mitarbeitenden nicht mehr über ihre grundlegenden Verpflichtungen hinaus, und in der Führungsetage fragt man sich, warum die Teams nicht mehr die »Extrameile« laufen.

Gefühle und Führung am Arbeitsplatz sind meiner Erfahrung nach nicht trennbar. Dieses nur auf den ersten Blick ungleiche Begriffspaar mausert sich immer mehr zum Erfolgsfaktor, so lehrt es auch das »Modell Carmy«. Doch gerade in Phasen drastischer Veränderungen – in *The Bear* ist es der Aufbruch zu einer neuen Restaurantkultur, in anderen Firmen mögen es ein Standortwechsel, ein neues Geschäftsfeld oder die Einführung einer neuen Technologie sein – beobachte ich immer noch, dass bei Führungskräften das altbewährte Affektmuster greift, mit dem sie groß geworden sind, Karriere gemacht haben und sich auf sicherem Terrain fühlen.

Das Rezept dafür ist so einfach wie Spaghetti Aglio e Olio. Drei Dinge muss man dazu tun: Unverwundbarkeit demonstrieren, allein alles kontrollieren, nach außen Stärke zeigen – trotz schlafloser Nächte und zerfurchter Stirn. Unter den Bedingungen eines solch emotional sterilisierten Mindsets hört sich der Dialog auf dem Flur, am Wasserspender oder in offiziellen Firmen-Townhalls zwischen Manager:innen und Mitarbeitenden so kalt, belang- und wirkungslos an wie eine vom amerikanischen Außenminister in Pjöngjang vorgetragene Protestnote – keinesfalls jedoch wie ein produktiver Austausch zwischen Menschen, der auch als solcher erlebt wird und zu einer gemeinsamen Lösung für ein Problem beitragen kann.

NEUE AUFGABEN FÜR DIE CHEFETAGE
Verletzlichkeit zeigen und die richtigen Affekte aktivieren

Langsam ändern sich jedoch die alten Paradigmen, darüber sind wir uns auch in der Freundesrunde im Restaurant einig. In vielen Unternehmen ist die Vorstellung vom allwissenden, unfehlbaren, unerschütterlichen Leader inzwischen einem neuen Zielbild gewichen – dem der miterlebenden, gelegentlich irrenden, Mut zur Verletzlichkeit zeigenden Chefpersönlichkeit, die Dialog, Schwächen, Authentizität und Emotionen als integralen Bestandteil effektiver Führung anerkennt.

Man muss es sich erst mal trauen – aber als Führungskraft Unsicherheiten und Fehler einzugestehen schafft Offenheit und Vertrauen.

Das fördert die Teambindung und motiviert Mitarbeitende dazu, ebenfalls offen und transparent zu sein. Und das stützt entscheidend Kreativität und Innovation, da die Angst vor dem Scheitern schwindet und ein unbefangener Fluss der Ideen möglich wird. Unterschiedliche Perspektiven und emotionale Intelligenz fließen in die Entscheidungsprozesse ein. Alles Aspekte, die eine Organisation auch wirtschaftlich erfolgreich machen.

Mitarbeitende sind geneigt, einer Führungsperson eher zu folgen, die sie als authentisch und verständnisvoll wahrnehmen. Wer also seine »Superman«-Persona als Chef auf normale menschliche Maße stutzt, findet oft die stärkere Resonanz bei seinen Teams. Glaubwürdigkeit und Zugänglichkeit lösen bei Mitarbeitenden die stärkeren Affekte aus, die wiederum Führungskräfte und Unternehmensorganisationen letztlich effektiver machen. Diese Entwicklung hin zu empathischen, verletzlichen Führungspersönlichkeiten könnte das Geheimnis für motivierte Teams, innovative Lösungen und erfolgreiche Unternehmen sein. Denn die Arbeitswelt der Zukunft ist eine Welt der Resonanz, in der das Kooperative und die Beziehung zu Menschen eine größere Rolle spielen als Demonstrationen von Stärke und Rationalität.

Emotionale Erlebnisarmut am Arbeitsplatz erntet als unmittelbare Antwort wachsende Entfremdung. Und das reduziert die Leistung von Mitarbeitenden auf das Nötigste, wenn nicht sogar auf null – wenn sie nämlich kündigen. Sich gerne und produktiv auf ein Team oder ein gemeinsames Firmenziel einzulassen ist ein natürlicher menschlicher Affekt, den man als Chef bei Mitarbeitenden auslösen kann – oder auch nicht. Affektive Arrangements können Teamgeist, Motivation, Produktivität und Konfliktbewältigung verstärken – oder eben auch verhindern. Entscheidend ist, wie Führungskräfte die emotionale

Atmosphäre prägen. Carmy in *The Bear* gelingt die positive Wende in seinem Laden auch erst nach einiger Zeit. Aber er versucht es – und das ist entscheidend.

Ist die Verschmelzung von Arbeit und Freizeit die Lösung?

Es waren die Start-ups, die mit »agilen« Arbeitskulturen angefangen haben. Ihre Kickertische, Basketballkörbe, Stockwerkrutschen und Obstkörbe haben als Erlebniselemente mittlerweile sogar Einzug in die affektiven Arrangements gestandener schwäbischer Mittelständler gefunden.

Ich finde es überlegenswert, Aspekte wie Unterhaltungs- und Freizeitwert in die affektive Personalstrategie eines Arbeitgebers zu integrieren. Besonders interessant erscheint mir immer wieder der Aspekt eigens für solche Zwecke gestalteter Umgebungen und Räume. So arbeitet zum Beispiel der Campus von Google – sicher kein Start-up, aber ein auf diesem kulturellen Boden gewachsenes Unternehmen – im kalifornischen Mountain View bewusst mit dem Prinzip des Eintauchens in eine Welt, die berufliche Tätigkeit und Freizeit verschwimmen lässt.

Der »Googleplex«, wie der Firmencampus auch heißt, ist aus der Blickrichtung der Beschäftigten nicht nur ein Arbeitsplatz, sondern ein integriertes Erlebnis von Arbeit, Freizeit und eigener Haushaltsführung – mit Angeboten wie flächendeckendem WLAN, Ärztestützpunkt, Wäscherei, Fitnessstudio, Campustaxis, Restaurants und Kinderkrippen auf dem Firmengelände. Die gestreuten Campusarchitekturen fördern zudem eine aufgelockerte intellektuelle Atmosphäre, die Fokus,

Ambition, Kreativität und Innovationen so stark beflügelt hat, dass sich sicher behaupten lässt, dieses neuartige Arbeitserleben mache einen Teil der globalen Technologieführerschaft aus, die Google heute der Öffentlichkeit und den Investoren vorweisen kann.

STOCKHOLM-SYNDROM AM ARBEITSPLATZ
Wie viel ist zu viel affektives Arrangement?

In der Dinner-Runde im georgischen Restaurant wenden wir uns der leckeren Churchkhela-Nachspeise zu. Aber sie kann meine Freunde nicht von dem Einwand ablenken, dass das Konzept »Googleplex« auch seine Tücken hat. Die Mitarbeiterzufriedenheit und das Erleben mag es kurzfristig erhöhen. Aber es besteht die Gefahr, dass das ständige Verweilen auf dem Campus zu einer »Überintegration« führt, bei der Erholung und Arbeit zu stark miteinander verschmelzen, was für die Produktivität auch wieder kontraproduktiv werden kann. Denn wer sich nicht ordentlich erholen kann, weil er im Grunde nie nach Hause darf, der rutscht auch schnell in die Nähe der Erschöpfung.

Manche sehen darin eine Art Stockholm-Syndrom – also die Ausbildung eines positiven emotionalen Verhältnisses von Geiseln zu ihren Entführer:innen – oder zumindest eine Infantilisierung, da das Arbeitsumfeld so gestaltet ist, dass es wie bei einem Baby in Obhut der Eltern alle Bedürfnisse des Alltags abdeckt. Es ist jedenfalls für die Psyche nicht ohne, wenn sich Wohlbefinden, Authentizität und Produktivität in den Teams zwar einstellen mögen – jedoch um den Preis, dass das Privat-Ich mit dem Berufs-Ich eins wird und es kein echtes »Draußen« mehr gibt.

Affektive Strategien
der modernen Arbeitswelt

Man kann also auch überziehen mit der Bereitstellung von positiven Affekten am Arbeitsplatz. Aus meiner Sicht sollten trotzdem Strukturen und Praktiken entwickelt werden, die eine neue Auffassung von Emotionalität und Affektivität am Arbeitsplatz unterstützen. Beispiele sind Schulungen zur emotionalen Intelligenz für Führungskräfte, die Etablierung von leistungsfähigeren Feedback-Kulturen, die Raum für Emotionen lassen, oder die Schaffung von »Safe Spaces«, in denen Mitarbeitende ihre Sorgen und Ängste teilen können.

Letztendlich kann der Arbeitsplatz als affektives Arrangement dazu beitragen, die menschliche Seite der Arbeit wieder in den Vordergrund zu rücken. In einer Welt, die sich immer schneller verändert und in der technologische Effizienz und Produktivität oft im Mittelpunkt stehen, ist es umso wichtiger, die Bedeutung von Emotionen, Beziehungen, Ritualen und affektiven Dynamiken zu erkennen. Indem wir den Arbeitsplatz als sozialen und vor allen Dingen emotionalen Raum begreifen, können wir nicht nur die Zufriedenheit und das Wohlbefinden der Mitarbeitenden verbessern, sondern auch eine leistungsfähigere, kreativere und letztlich menschlichere Arbeitswelt schaffen.

Diese Arbeitswelt wäre von einer Kultur der Offenheit und des Vertrauens geprägt, in der Mitarbeitende dazu ermutigt werden, sich authentisch auszudrücken und ihre individuellen Stärken und Emotionen in den Arbeitsprozess einzubringen. Der Fokus läge auf der Schaffung von resonanten Beziehungen, die es den Menschen ermöglichen, sich mit ihrer Arbeit, ihren Kolleg:innen und der Organisation als Ganzes auf einer tieferen, emotionalen Ebene zu verbinden. Das müsste der Kern eines positiven affektiven Arrangements am Arbeitsplatz sein.

Unsere Abendessen-Runde im Restaurant geht zu Ende. Well done, Chef! Bringen Sie uns die Rechnung, bitte!

Learnings

Was du von Arbeitsplätzen als affektives Arrangement über emotionale Führung, effektive Kommunikation und die Bedeutung von Ritualen lernen kannst:

1. Überlege dir, welches affektive Arrangement du im Arbeitskontext anstrebst

Welche Kultur finden Mitarbeitende vor, und wie beeinflusst sie die Affekte am Arbeitsplatz? Wohin soll sich der Arbeitsplatz affektiv transformieren? Respekt, Anerkennung, Verständnis, Nahbarkeit und Humor sind zentrale affektive Arrangements, die Motivation und Wohlbefinden der Mitarbeitenden fördern. Gleichzeitig sind klare Hierarchien und Befehlsketten notwendig, um die tägliche Arbeit effizient zu organisieren und produktiv zu sein. Gefühle und Ratio sind eine magische Mischung zeitgenössischer Führung.

2. Zeige Mut zur Verletzlichkeit

Gestalte eine Kultur der Offenheit: Traue dich als Führungsperson, deine Schwächen und Fehler zu zeigen. Dies schafft eine vertrauensvolle Atmosphäre, die deine Mitarbeitenden ermutigt, sich ebenfalls authentisch zu zeigen. Nutze diese Offenheit, um eine engagierte und unterstützende Gemeinschaft zu fördern, die echten Wandel ermöglicht. Verwandle passive Beschäftigte in engagierte Verantwortungsträger:innen, indem du ihre Emotionen und Werte aktiv einbeziehst. Emotionen und geteilte Affekte sind nicht das No-Go eines Unternehmens, sondern die Triebfeder für Engagement und Commitment. Gib anderen Raum zur Entfaltung: Integriere eine partizipative Kultur, indem du deine eigene Kommunikation bewusst zurückstellst und anderen die Möglichkeit gibst, sich auszudrücken und Verantwortung zu übernehmen. Dies fördert ein respektvolles und kooperatives Arbeitsumfeld.

3. Setze auf Rituale als affektive Transformationsmarker

Show, don't tell: Welche Handlungsmomente vermitteln tatsächlich deine Werte? Statt nur über Werte zu sprechen, die dein Arbeitsplatz bieten soll, schaffe konkrete Handlungsbeispiele, die diese Werte verkörpern. Entwickle Unternehmenswerte, die nicht nur rational, sondern auch affektiv ansprechend sind. Zeige durch deine täglichen Entscheidungen und Verhaltensweisen, wie deine Werte gelebt werden, um Authentizität und Vorbildfunktion zu betonen. Dazu gehören auch Rituale!

Plädoyer für Affektive Strategie

Das Plädoyer dieses Buches: Kenne und verstehe die affektiven Muster und Arrangements, die hinter Marken stehen. Die Reise durch die schillernden affektiven Erlebniswelten der Marken offenbart, dass wir weniger an den privaten Gefühlen einzelner Personen interessiert sein sollten als vielmehr an der Gestaltung und dem Management von affektiven Kontexten.

Affekte wurden in diesem Buch nicht nur aus psychologischer, sondern anthropologischer und philosophischer Perspektive betrachtet. Wie eine bestimmte Emotion wie Wut verstanden wird oder wie sie sich für jemanden tatsächlich anfühlt, war in dieser Sichtweise weniger von Interesse. Vielmehr stand im Fokus der Untersuchung, wie Emotionen Kontexte prägen und von ihnen geprägt werden und wie die Dynamiken innerhalb dieser Kontexte aussehen.

Egal, ob du in einem Start-up, als Unternehmensstratege, als Führungskraft in einer öffentlichen Position oder als Markenmanagerin arbeitest: Ich hoffe, dass du mit dem Lesen dieses Buches einen wichtigen Schritt tun konntest, um dein Verständnis von Affekten, affektiven Arrangements und Erlebensmustern zu vertiefen und zu erweitern. Du hast hoffentlich Werkzeuge und Konzepte erhalten, die helfen, affektive Dynamiken zu erkennen und zu gestalten.

Durch die Anwendung der hier gewonnenen Erkenntnisse kannst du zukünftig affektive Kontexte schaffen, die positive emotionale Entwicklungen fördern und destruktive Zyklen durchbrechen. Nach der Lektüre wirst du die Welt vielleicht mit anderen Augen sehen. Du wirst Marken und Markenkommunikation anders betrachten und sie aus einem affektiven Blickwinkel analysieren. Nun liegt es an dir, die Affekte zu finden und ihr Veränderungspotenzial voll zu entfalten.

LITERATURVERZEICHNIS

EINSTIMMUNG & AFFEKTIVE STRATEGIE

Baruch de Spinoza. *Ethik in geometrischer Ordnung dargestellt*. Übersetzt von Wolfgang Bartuschat. Hamburg: Meiner Verlag, 1999.

BVG (2022). *Ausgezeichneter Klang*, https://unternehmen.bvg.de/pressemitteilung/aus gezeichneter-klang/ (aufgerufen am 30.08.2024).

BVG (2022). *Haste Töne? Klar!*, https://unternehmen.bvg.de/pressemitteilung/ haste-toene-klar/ (aufgerufen am 30.08.2024).

BVG (2024). *Ganz Berlin wird Ohren machen!*, https://unternehmen.bvg.de/marken klang/ (aufgerufen am 30.08.2024).

Ciompi, Luc (1982, 2019). *Affektlogik. Über die Struktur der Psyche und ihre Entwicklung*. Heidelberg.

Colombetti, G./Thompson, E. (2007). »The Feeling Body: Toward an Enactive Approach to Emotion«, *Body in Mind, Mind in Body: Developmental Perspectives on Embodiment and Consciousness*. Ed. W. F. Overton/U. Mueller/J. Newman. Mahwah, N. J.

Fischer-Appelt, B./Wüschner, P. (2024). *Willkommen in der Affektzeit. Warum es in Kommunikationsstrategien zuerst ums Erleben gehen muss*, https://www.flab.de/ (aufgerufen am 30.08.2024).

Massumi, B. (2010). *Ontomacht. Kunst, Affekt und das Ereignis des Politischen*. Berlin.

Mühlhoff, R. (2018). *Immersive Macht. Affekttheorie nach Spinoza und Foucault*. Frankfurt am Main/New York.

Morgan, G. (1997). *Images of Organization*. Thousand Oaks.

Mintzberg, H./Ahlstrand, B./Lampel, J. (1998). *Strategy Safari: A Guided Tour Through the Wilds of Strategic Management*. New York.

Muntschick, Verena/Kirig, Anja/Seitz, Janine (2024). *Der neue Resonanz-Tourismus: Herzlich willkommen!*. Frankfurt am Main.

Protevi, J. (2009). *Political Affect: Connecting the Social and the Somatic*. Minneapolis.

Rosa, H. (2019). *Resonanz. Eine Soziologie der Weltbeziehung*. Frankfurt am Main.

SFB 1171 (2022). *Affektives Arrangement*, https://key-concepts.sfb-affective-societies.de/ articles/affektives-arrangement-version-1-0/ (aufgerufen am 30.08.2024).

Stern, D. (1985). *The Interpersonal World Of The Infant. A View From Psychoanalysis And Developmental Psychology*. New York.

Subatzus, U. (2019). »Die Tötung im Affekt«, *schwurgericht-info*, http://schwurgericht. info/die-toetung-im-affekt/ (aufgerufen am 30.08.2024).

Tomkins, Silvan Solomon (1962–1992). *Affect Imagery Consciousness*. 4 Bände, 1962–1992. New York: Springer.

Varela, F./Thompson, E./Rosch, E. (1991). *The Embodied Mind: Cognitive Science and Human Experience*. Cambridge, MA.

Zukunftsinstitut (2019). *Der neue Resonanz-Tourismus*, https://shop.zukunftsinstitut.de/Der-neue-Resonanz-Tourismus-p525217643 (aufgerufen am 30.08.2024).

Taylor Swift Togetherness!

Glasenapp, J. (2024). *Taylor Swift. 100 Seiten*. Stuttgart.

Hoxha, D. (2024). »Taylor Swift's cats: What she's said about Meredith Grey, Olivia Benson and Benjamin Button«, *Today*, https://www.today.com/popculture/taylor-swift-cats-rcna127671 (aufgerufen am 24.07.2024).

Marulli, L. (2024). »How many songs has Taylor Swift written?«, *TheThings*, https://www.thethings.com/taylor-swift-songs-written/ (aufgerufen am 24.07.2024).

Pelzer, K. (2024). »We Might Be Called Swifties, But What Are the 15+ Nicknames For Taylor Swift Herself?«, *Parade*, https://parade.com/entertainment/taylor-swift-nicknames (aufgerufen am 24.07.2024).

Sullivan, B. (2023). »A Taylor Swift Instagram post helped drive a surge in voter registration«, *npr magazine*, https://www.npr.org/2023/09/22/1201183160/taylor-swift-instagram-voter-registration (aufgerufen am 24.07.2024).

Swift, T. (2023). *Anti-Hero*, https://www.youtube.com/watch?v=b1kbLwvqugk (aufgerufen am 24.07.2024).

Sykes, J./Rosenbloom, A. (2023). »Taylor Swift fans ›Shake It Off,‹ causing record-breaking seismic activity during Seattle shows«, *CNN Entertainment*, https://edition.cnn.com/2023/07/27/entertainment/taylor-swift-seismic-activity/index.html (aufgerufen am 30.08.2024).

»Taylor Swift becomes world's first billionaire from music« (2024). *USA Today Entertainment*, https://eu.usatoday.com/videos/entertainment/music/2024/04/12/taylor-swift-first-music-billionaire/73187921007/ (aufgerufen am 24.07.2024).

Yahr, E. (2022). »Why Taylor Swift's self-loathing ›Anti-Hero‹ already hit a nerve with fans«, *The Washington Post*, https://www.washingtonpost.com/arts-entertainment/2022/10/21/antihero-taylor-swift-midnights/ (aufgerufen am 29.07.2024).

Die Street Credibility von Luxusgütern

Churchill, I. (2023). »From Virgil Abloh to Pharrell Williams: Louis Vuitton Continues to Lean Into Black Culture«, *Modaculture*, https://www.themodaculture.com/2023/07/10/virgil-abloh-pharrell-williams-louis-vuitton-black-culture/ (aufgerufen am 24.07.2024).

Dike, J. (2018). »Why Virgil at Vuitton Only Begins to Combat Industry Racism«, *Hypebeast*, https://hypebeast.com/2019/5/virgil-abloh-louis-vuitton-fashion-diversity-racism (aufgerufen am 24.07.2024).

Kapferer, J.-N./Bastien, V. (2009). *The Luxury Strategy: Break the Rules of Marketing to Build Luxury Brands*. London.

Keslassy, E. (2017). »From ›Square‹ to ›Triangle‹: Palme d'Or Winner Ruben Ostlund's New Project Unveiled«, *Variety*, https://variety.com/2017/film/news/palme-dor-winner-ruben-ostlund-new-project-triangle-of-sadness-1202458402/ (aufgerufen am 24.07.2024).

Kröll, J. (2017). »Balenciaga verkauft Ikea-Tasche für 2000 Euro«, *stern*, https://www.stern.de/lifestyle/mode/ratgeber-herrenmode/balenciaga-verkauft-ikea-tasche-fuer-2000-euro-7418276.html (aufgerufen am 24.07.2024).

Marain, A. (2023). »What to remember from Pharrell Williams's debut show for Louis Vuitton«, *Vogue France*, https://www.vogue.fr/article/pharrell-williams-louis-vuitton-spring-summer-2024 (aufgerufen am 24.07.2024).

Mercedes-Benz (2024). *Die ultimative Legacy Kooperation*, https://www.mercedes-benz.com/de/fahrzeuge/mercedes-maybach/project-maybach/ (aufgerufen am 30.08.2024).

Pendiuk, P. (2019). »Ikea x Virgil Abloh: Alle Bilder und Preise der Kollektion«, *GQ*, https://www.gq-magazin.de/leben-als-mann/wohnen-und-design/abloh-ikea-moebel-design-180502 (aufgerufen am 25.07.2024).

Wichert, S. (2024). »Porträt Virgil Abloh: Held der Generation Z«, *Süddeutsche Zeitung*, https://www.sueddeutsche.de/stil/virgil-abloh-off-white-ikea-louis-vuitton-1.5245145?reduced=true (aufgerufen am 24.07.2024).

Wiesing, L. (2015). *Luxus*. Berlin.

Ekstase durch Unterwerfung

»A New Berlin App – Is There A Line At Berghain?« (2015). *Berlin Love*, https://with berlinlove.com/2015/03/21/a-new-berlin-app-is-there-a-line-at-berghain/ (aufgerufen am 24.07.2024).

Deleuze, G./Guattari, F. (1996). *Was ist Philosophie?* Frankfurt am Main.

Rosa, H. (2019). *Resonanz. Eine Soziologie der Weltbeziehung*. Frankfurt am Main.

Schulz, J./Kilian, J. (2018). *Die Clubmaschine (Berghain)*. Hamburg.

Reibungslos durch die Nacht

»Steering Wheel« (2024). *Wikipedia*, https://en.wikipedia.org/w/index.php?title= Steering_wheel&oldid=1232309897 (aufgerufen am 25.07.2024).

Thomke, S. (2019). »The Magic that makes the Customer Experiences stick«, *MIT Sloan Management Review*, 61(1).

Thomke, S./Corsi, E./Nimgade, A. (2018). »Ferrari«, *Harvard Business School Case*, 618-047.

Weniger Empörung wagen

Breithaupt, F. (2022). *Das narrative Gehirn: Was unsere Neuronen erzählen*. Frankfurt am Main.

Ebbinghaus, U. (2022). »Wir bitten, dies zu entschuldigen …«, *Frankfurter Allgemeine*, https://www.faz.net/aktuell/karriere-hochschule/deutsche-bahn-was-die-entschuldigungskultur-des-unternehmens-verraet-18211604.html (aufgerufen am 30.08.2024).

»Was ist eure krassestes, lustigstes oder traurigstes Erlebnis mit der Deutschen Bahn?« (circa 2021). *FragReddit*, https://www.reddit.com/r/FragReddit/comments/ skgs09/was_ist_eure_krassestes_lustigstes_oder/ (aufgerufen am 30.08.2024).

Röhl, Tobias (2022). *Verteilte Zurechenbarkeit: Die Bearbeitung von Störungen im öffentlichen Verkehr*. Frankfurt; New York.

SBB (2024). *Du bist meine SBB. Du bist meine Freiheit*, https://company.sbb.ch/de/ueber-die-sbb/profil/sbb-erleben/du-bist-meine-sbb.html#:~:text=Du%20bist%20 meine%20SBB (aufgerufen am 30.08.2024).

Der Diskrete Charme der Marke »no brand«

Decathlon (2024). *ARTENGO Herren Tennisschuhe*, https://www.decathlon.de/p/
herren-tennisschuhe-ts160-multicourt-weiss/_/R-p-306672?mc=8559598&
channable=4129b16964003239303131323645&gad_source=1&gclid=CjwKCAj-
wzIK1BhAuEiwAHQmU3qANDCPTFVgSoPXTN3Hj7daEl2SJPPJnvGYZGA6e
4E3sxgSvXPs7VBoCECYQAvD_BwE&utm_campaign=de_t-perf_ct-shopp_
n-brand-passion_ts-bra_f-cv_0-traf_xx-p-sea-s-b-n-g&utm_medium=cpc&
utm_source=google&utm_term=2901126 (aufgerufen am 25.07.2024).

Randt, L. (2020). *Allegro Pastell*. Berlin.

Swipen bis zum Netflixen

Bailey, B. (2024). »Tinder statistics 2024: All you need to know about the dating
app!«, *Roast*, https://roast.dating/blog/tinder-statistics (aufgerufen am
25.07.2024).

Bristlr (2024). Homepage, https://www.bristlr.com/ (aufgerufen am 25.07.2024).

Graefe, L. (2024). »Wo haben sie Ihren Partner/Ihre Partnerin kennengelernt?«,
Statista, https://de.statista.com/statistik/daten/studie/1025036/umfrage/
umfrage-in-deutschland-zum-ort-des-kennenlernens-des-partners/#sta
tisticContainer (aufgerufen am 25.07.2024).

Hadji-Vasilev, A. (2024). »25 Online Dating Statistics & Trends in 2024«, *Cloudwards*,
https://www.cloudwards.net/online-dating-statistics/ (aufgerufen am
25.07.2024).

März, A. M. (2023). »Ich dachte mir, wenn der liebe Gott es will, antwortet sie«, *Süddeutsche Zeitung*, https://www.sueddeutsche.de/projekte/artikel/muenchen/muen
chen-kontaktanzeige-liebe-e025627/?reduced=true (aufgerufen am 25.07.2024).

Purohit, Y. (2024). »Dating App Statistics for 2024: Users, Revenue, Apps, & More«,
nimbleappgenie.com, https://www.nimbleappgenie.com/blogs/dating-app-sta
tistics/#:~:text=In%202022%2C%20the%20global%20usage,to%20dating%20
app%20usage%20statistics (aufgerufen am 25.07.2024).

Singleton, L. (2015). »Virtual dates and DNA matching: the future of dating
revealed«, https://www.imperial.ac.uk/news/169431/virtual-dates-dna-
matching-future-dating/ (aufgerufen am 25.07.2024).

Tinder (2024). *FAQ*, https://tinder.com/de/faq (aufgerufen am 25.07.2024).

Euphoriequelle Fußball

»Christian Streich hält flammendes Plädoyer gegen Rechts«, (2024). *Sport1*, https://www.youtube.com/watch?v=23dEAwpMwc0 (aufgerufen am 25.07.2024).

»Carlo Ancelotti« (2024). *Wikipedia*, https://en.wikipedia.org/wiki/Carlo_Ancelotti (aufgerufen am 25.07.2024).

Würde und Selbstachtung

Allie (2024). »What Google Has Proven About Offering the Best Perks Package in the World«, *IncentFit*, https://incentfit.com/wellness-word/what-google-has-proven-about-offering-the-best-perks-package-in-the-world/#:~:text=%E2%80%9CFrom%20food%2C%20health%20care%2C,%2C%20physical%20therapy%2C%20and%20massage (aufgerufen am 30.08.2024).

Jenewin, W./Böhm, O. (2023). »Superkraft Verletzlichkeit«, *Harvard Business Manager*, 10, 76–82.

Bernhard Fischer-Appelt

ist Autor, Unternehmer, Forscher und Zukunftsexperte. Bereits vor seinem Studium gründete er zusammen mit seinem Bruder Andreas die erste PR-Agentur, die sich im Umweltbereich engagierte. Heute leitet er mit fischerAppelt eine der größten inhabergeführten Kommunikationsagenturen Deutschlands, die über 700 Mitarbeitende beschäftigt. Zwischen 2018 und 2020 forschte er an der Harvard University zu Zukunftsnarrativen. Zuletzt erschien sein Buch *Storyverse Playbook* (2023), ebenfalls im Murmann Verlag.

f_LAB

Die Ideen zu diesem Buch und zur Resonanz-Canvas entstanden im Forschungs- und Entwicklungsteam f_LAB, zu dem neben mir Dr. Philipp Wüschner, Tabea Venrath und Dr. Georg Dickmann gehören. Aus einer wissenschaftlichen Grundhaltung heraus entwickelt f_LAB Zukunftspapiere und Research-Dossiers. Wir bieten unseren Kunden Profilprojekte zur Auseinandersetzung mit neuen Themenfeldern an und konzipieren themenbezogene Konferenzen zu Zukünften, Narrativen und Affekten. Unsere Expertise unterstützt Vorstände und Unternehmen dabei, sich als Thought Leader zu positionieren.

Viele Inspirationen und Anregungen zu diesem Buch stammen aus weiteren Fallstudien und Experimenten sowie von Mitdenkenden und Kunden, für deren Hinweise und Unterstützung ich sehr dankbar bin.

Großer Dank gebührt Titus Kroder und dem Team des Murmann Verlages für die Zusammenarbeit an diesem Buchprojekt.

Druckprodukt mit finanziellem
Klimabeitrag
ClimatePartner.com/12752-1803-1001

Zum Ausgleich für die entstandene CO_2-Emission bei der Produktion dieses
Buches unterstützen wir die Bereitstellung von effizienten Kochöfen in Sambia.
Die verbesserten Kochöfen verbrauchen zwei Drittel weniger Brennmaterial
und verringern so nicht nur den CO_2-Ausstoß, sondern auch die Rodung der
lokalen Wälder. Durch die bessere Luftqualität in den Räumen werden Atem-
wegserkrankungen verringert, und Familien können Zeit und Geld sparen,
da weniger Brennmaterial benötigt wird.

Bibliografische Information der Deutschen Nationalbibliothek:
Die Deutsche Nationalbibliothek verzeichnet diese Publikation in der Deutschen
Nationalbibliografie; detaillierte bibliografische Daten sind im Internet über
http://dnb.de abrufbar.

© 2024 Murmann Publishers GmbH, Hamburg

Editorial Design/Illustration: Christoph Schulz-Hamparian, Stuttgart
Lektorat: Annette Krüger, Hamburg
Druck und Bindung: Print Best, Viljandi

ISBN 978-3-86774-806-3

Besuchen Sie uns im Internet: www.murmann-publishers.de
Ihre Meinung zu diesem Buch interessiert uns!
Zuschriften bitte an info@murmann-publishers.de
Den Newsletter des Murmann Verlages können Sie anfordern
unter newsletter@murmann-publishers.de